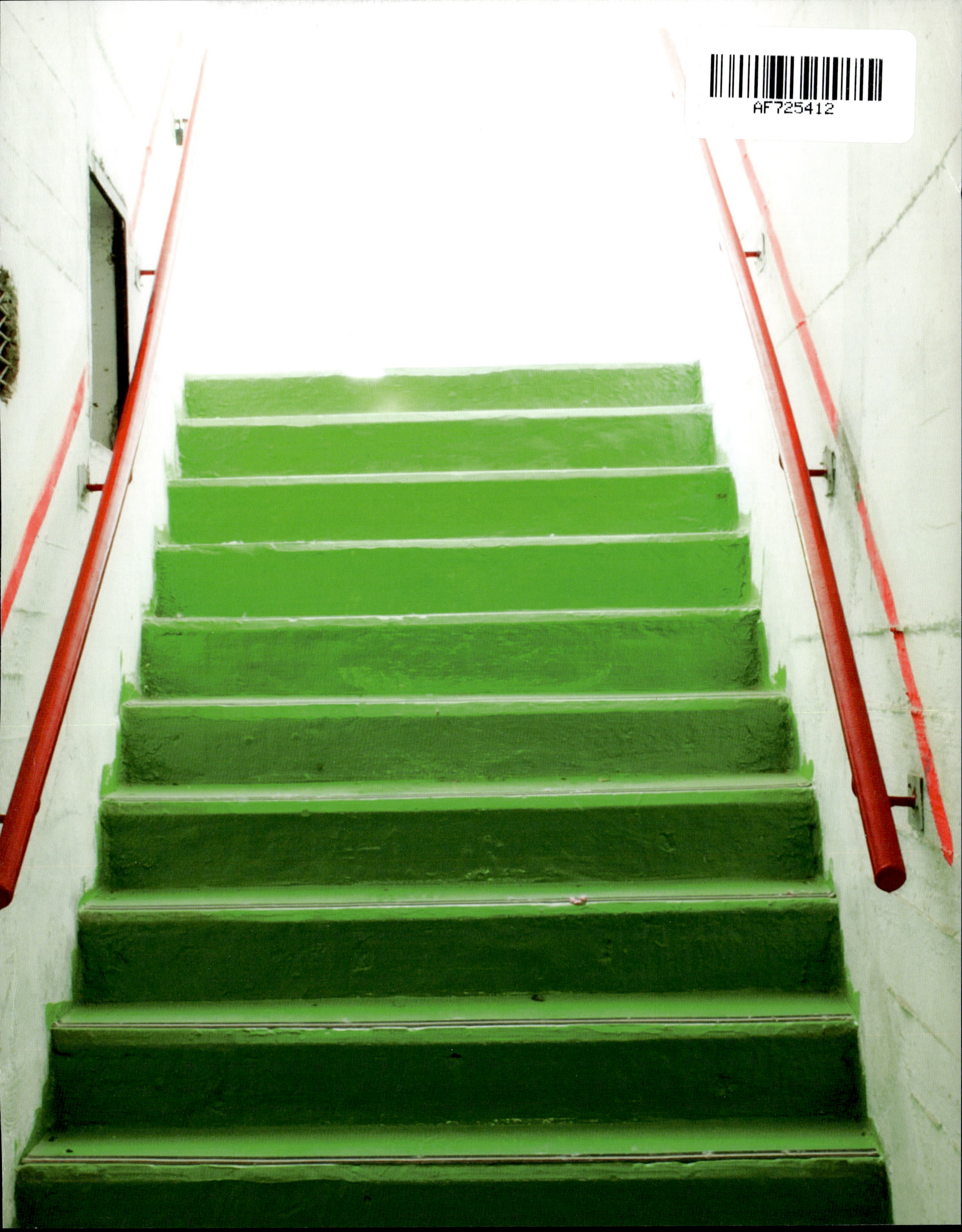

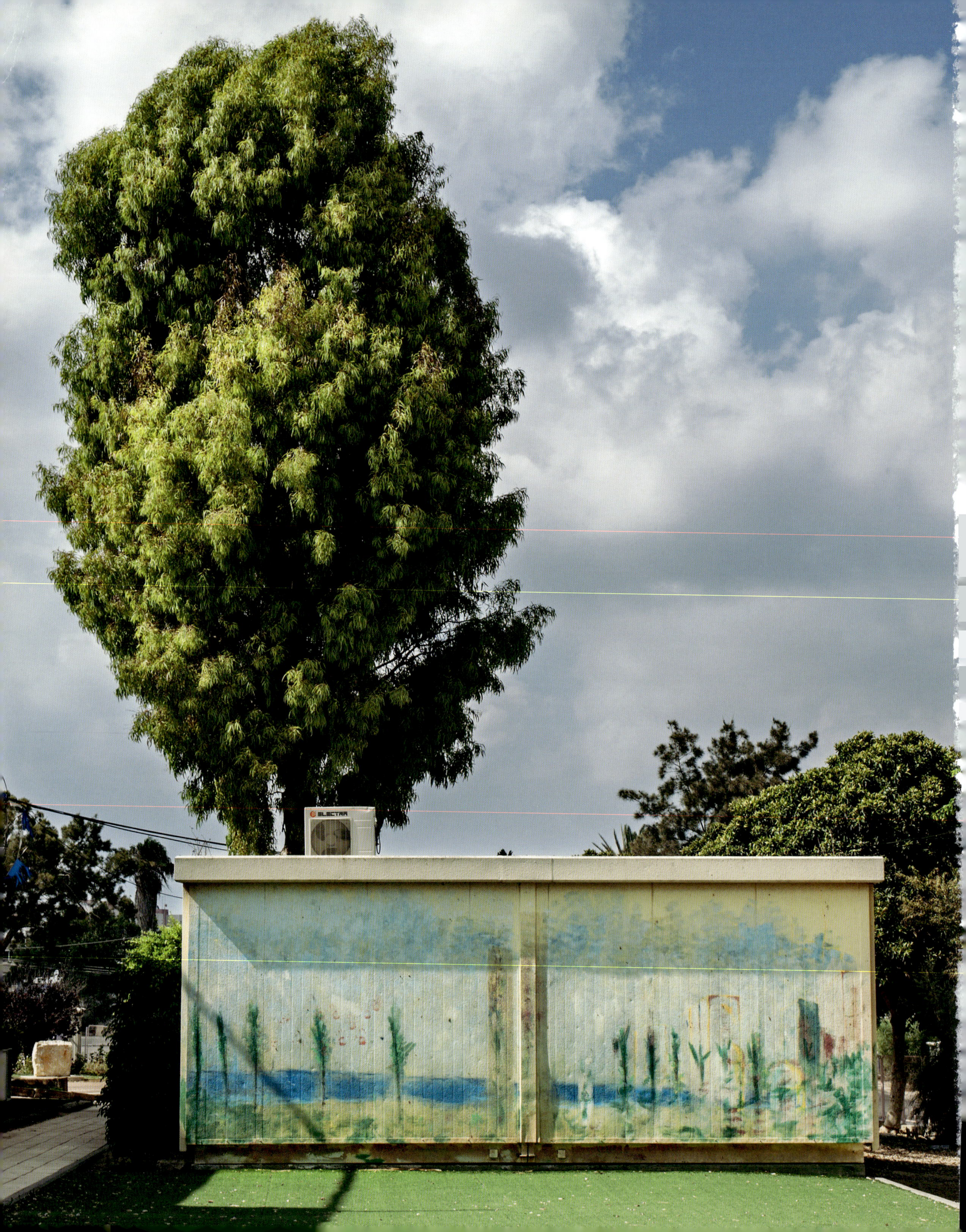
ELECTRA

To David
Thanks for everything!

ARCHITECTURE OF AN EXISTENTIAL THREAT

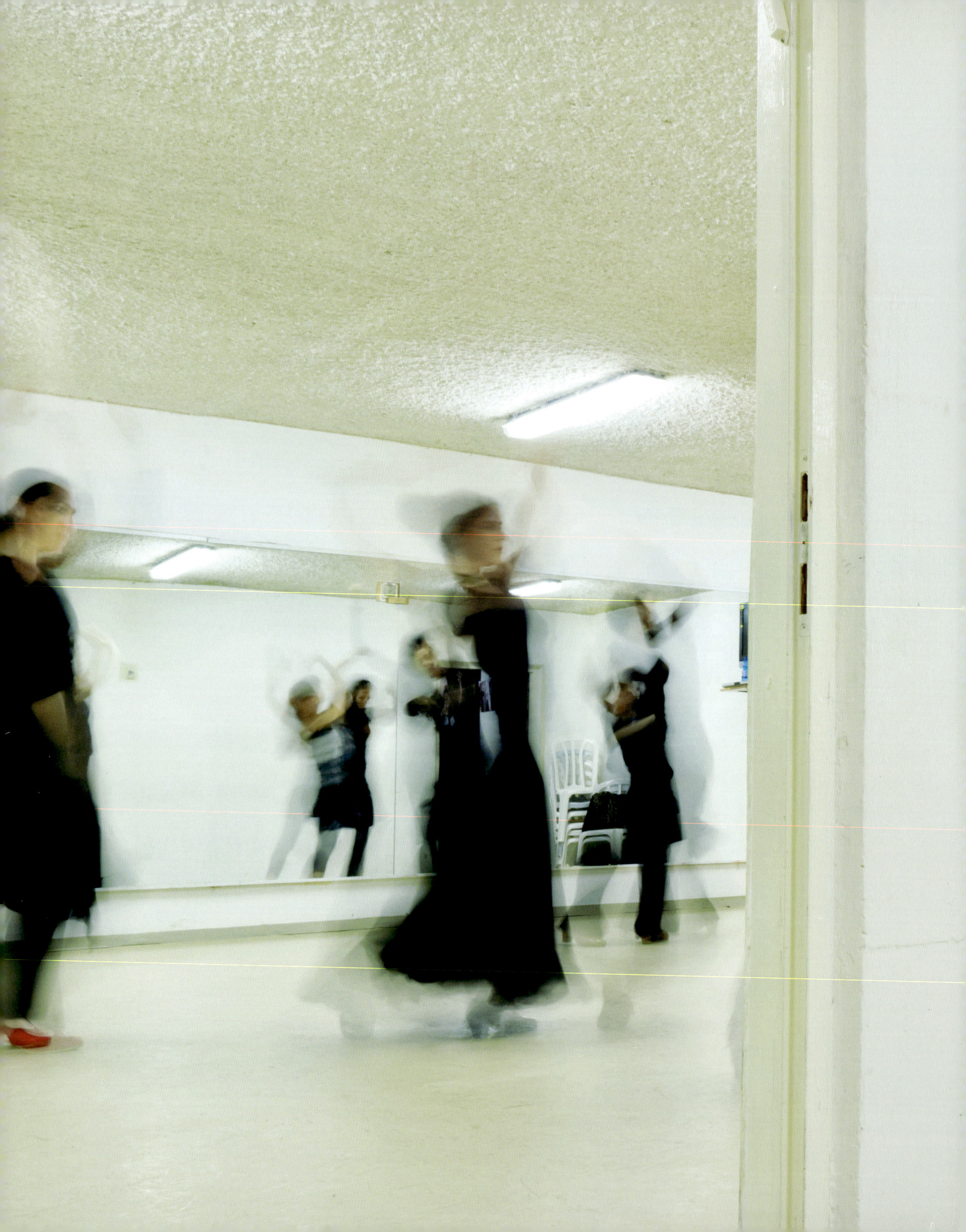

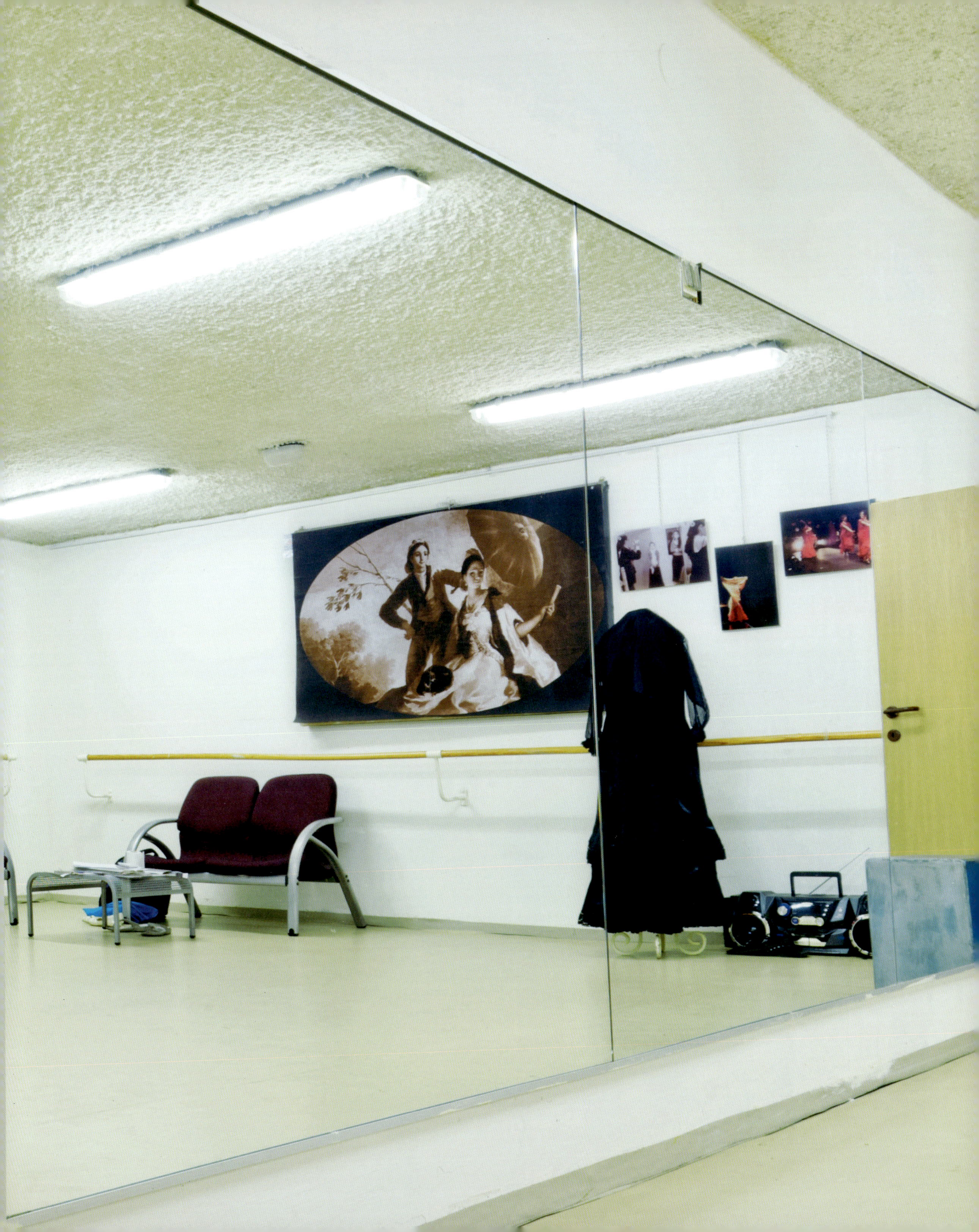

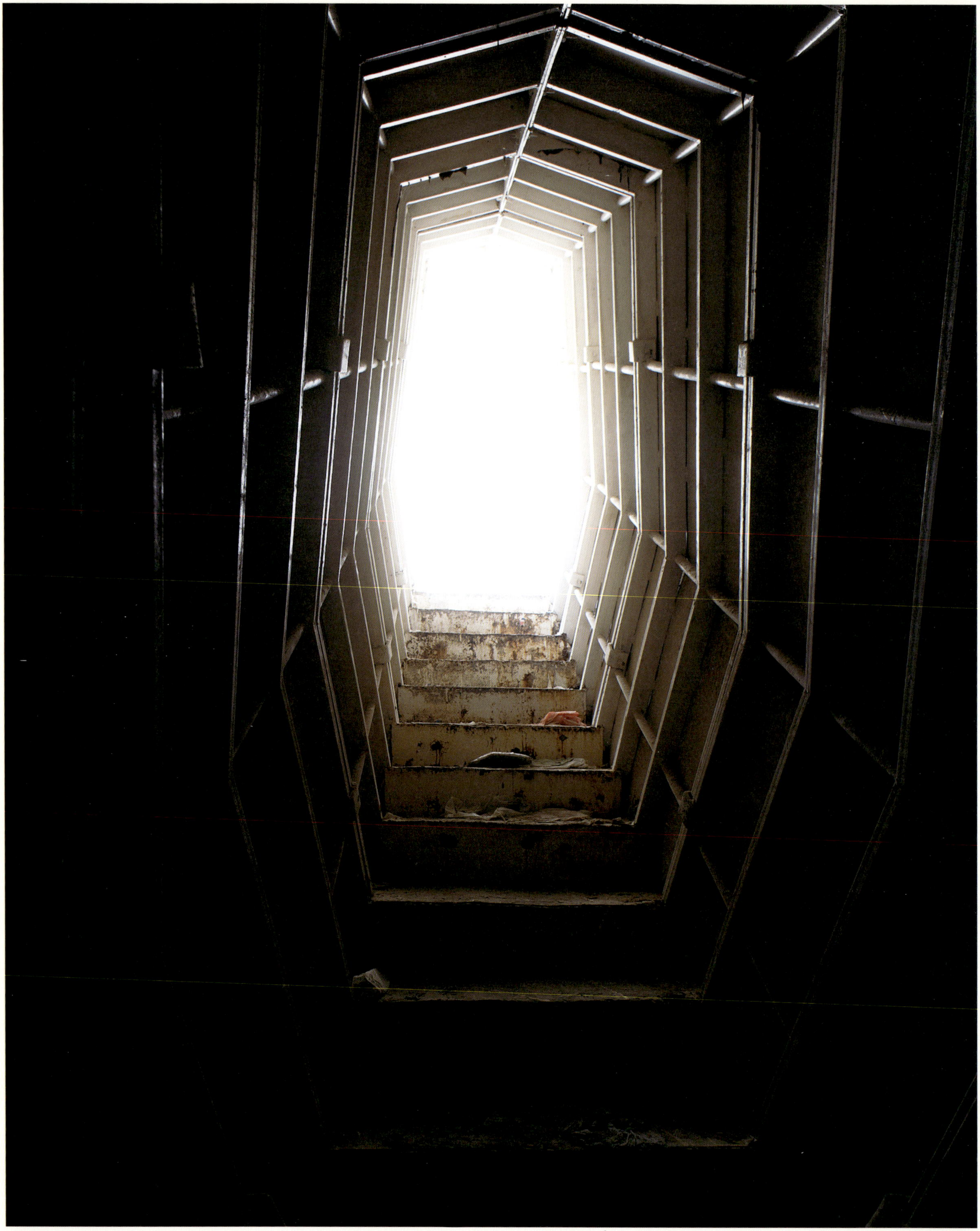

Nach israelischem Gesetz müssen alle Einwohner des Landes Zugang zu Schutzräumen haben.
החוק הישראלי קובע שכל אזרח חייב לקבל גישה למקלט.
Israeli law stipulates that every citizen must have access to a shelter.

„Geschützter Raum": ein Schutzraum in Form eines Raums innerhalb eines Gebäudes, welcher dessen Bewohner im Falle eines geplanten Angriffs schützen soll, gemäß Anweisungen in Teil 3.

"מרחב מוגן" – מקלט במתכונת מרחב הבנוי בתוך מעטפת המבנה,
המיועד להגן על החוסים בו בפני התקפה והמתוכנן על פי חלק ג'

"Protected Space": a shelter in the form of a space built within the perimeter of the building, intended to protect its residents against planned attacks according to instructions in Part 3.

Zivilschutzgesetz 1951
Drittes Kapitel: Schutzräume

חוק ההתגוננות האזרחית 1951
פרק שלישי: מקלטים

Civil Defense Law 1951
Chapter Three: Shelters

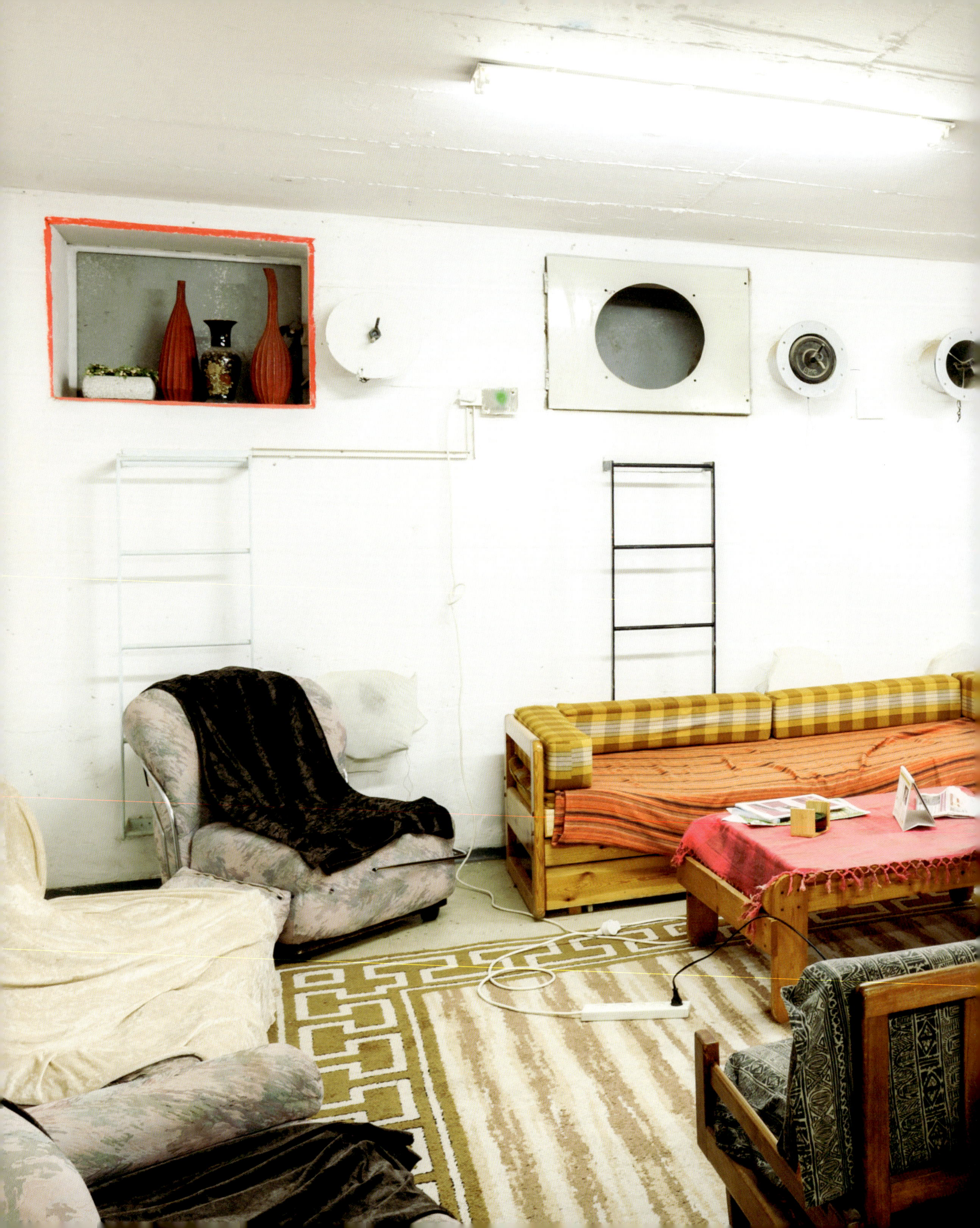

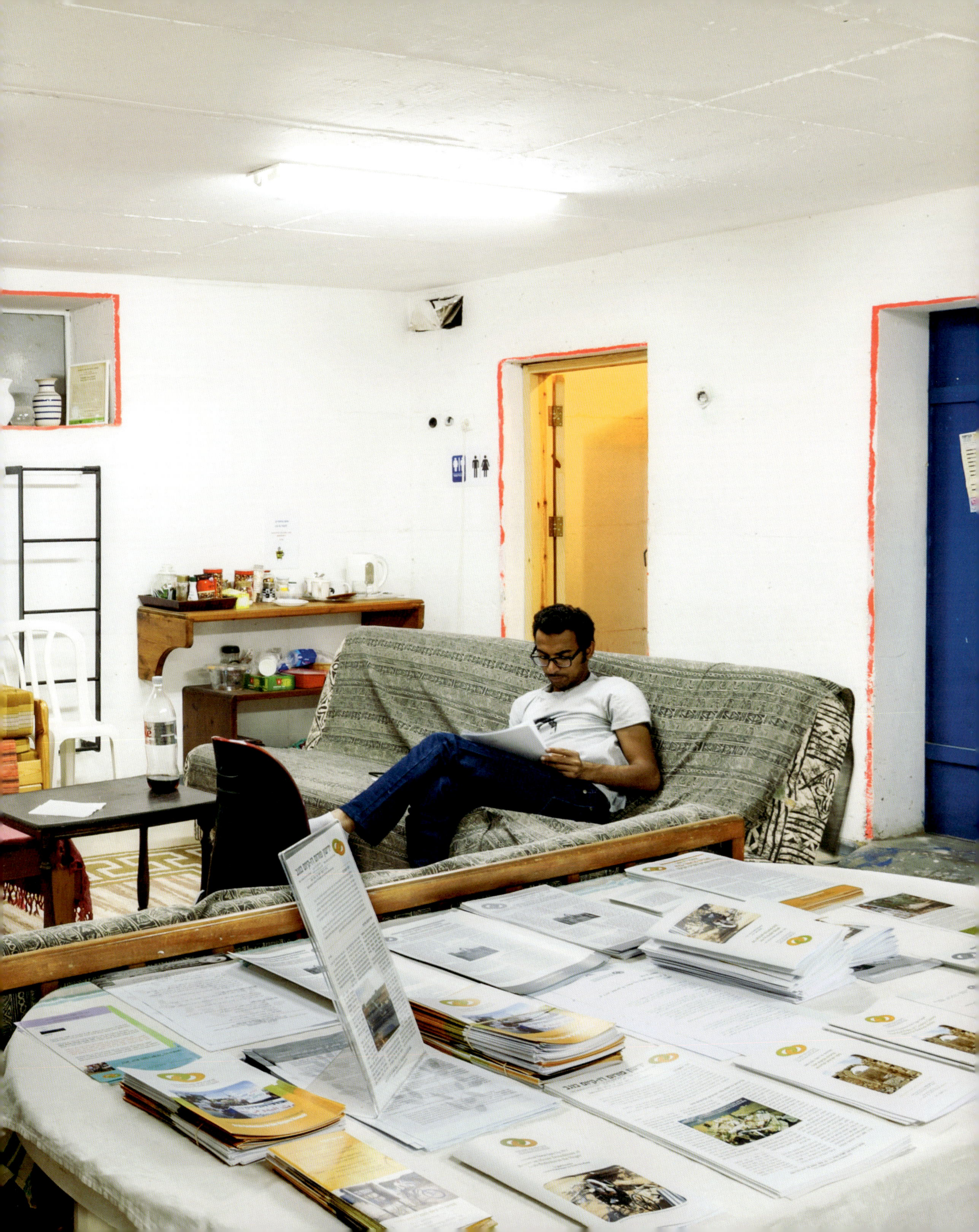

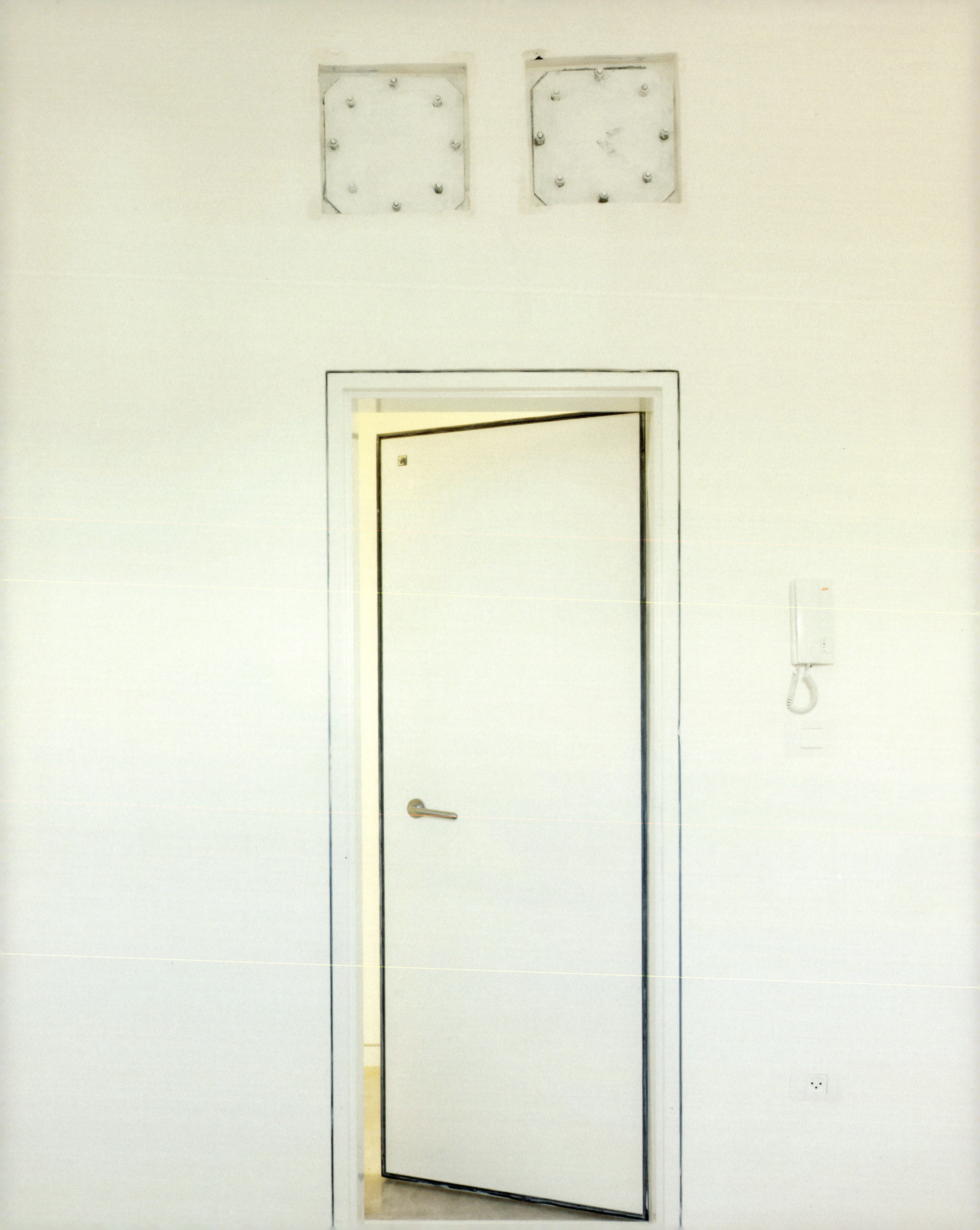

Adam
Reynolds

VORWORT | הקדמה | PREFACE
Danielle
Spera

ARCHITECTURE OF AN EXISTENTIAL THREAT

L

Jüdisches
Museum
Wien
Judenplatz

DANIELLE SPERA

EINE AURA DER VERSTÖRUNG

Obwohl Bunker schützende Bauwerke darstellen, die Menschen vor direkter Gefahr verschonen sollen, verströmen diese Räume eine Aura der Verstörung. Enge, Kälte, dickes Mauerwerk, Beton, Stahl und die Vorstellung von Lebensgefahr sind die Ingredienzien, die unangenehme und irritierende Empfindungen auslösen.

Mein Aufwachsen war geprägt von Erzählungen über Bunker, Schutzräume, bzw. Luftschutzkeller. In erster Linie durch meinen Vater, der durch seine jüdische Mutter von den Nazis als „Mischling 1. Grades" eingestuft worden war. Er wurde gezwungen, nach alliierten Luftangriffen Leichen zu bergen. Zu diesem Zeitpunkt war er 15 Jahre alt. „Zwei Einsätze in Ottakring haben sich besonders in mein Gedächtnis eingegraben: In einem Luftschutzkeller saßen Menschen mit Blutaustritt aus Mund und Nase, wie lebend, denen jedoch der Luftdruck die Lungen zerrissen hatte. Anderswo wurde ein Weinkeller getroffen und im Rotwein waren schwimmende Leichenteile zu bergen." Seine Schilderungen sind immer in meinem Bewusstsein geblieben.

Als ich später mit dem Aktionskünstler Hermann Nitsch an seiner Biographie arbeitete, sprachen wir immer wieder auch über das Thema der Radikalität seiner Kunst und gingen der Frage nach, weshalb er sich geradezu dazu gedrängt fühle, eine derart spannungsgeladene Arbeit zu machen. Er berichtete von der Todesangst, die er bereits als Fünfjähriger während des Zweiten Weltkriegs verspürt hätte. Der dröhnende Alarm, die hektisch flüchtenden Menschen, die Stille im Bunker und dann flüsternde Gebete. Floridsdorf, wo Nitsch und seine Mutter lebten, war als Sitz von Industrieanlagen ein besonderes Ziel der Alliierten. Daher erlebte der kleine Hermann bis 1945 nahezu täglich, was es bedeutete, in Lebensgefahr zu sein. Er erinnert sich: „Ich habe in diesem Alter schon wirkliche Todesangst gehabt und gewusst, was es heißt, zu sterben, die Wohnung zu verlieren und kein Zuhause mehr zu haben. Ich glaube schon, dass diese dramatische Situation etwas bei mir hinterlassen hat. Vielleicht kommt deshalb auch immer wieder die Wiederholung solcher Angstsituationen. Die ja vorhanden sind. Die Welt ist noch nicht ohne Krieg. Wenn ich später in einem Hörspiel Fliegeralarm oder so gehört habe – das ist mir immer durch Mark und Bein gegangen. Das Uhhuhhuhh – das war furchtbar, in meinem Empfinden immer mit laufenden Menschen verbunden. Na klar, die sind alle in den Luftschutzkeller gelaufen. Und dort ist gebetet worden, da hat man flüstern gehört: ‚Heilige Maria Mutter Gottes'. Und ich wusste, ganz arg ist es, wenn die Leute zu beten beginnen [...] . Als wir aus den Kellern herausgekommen sind, war alles verbrannt. Die Fabriken, alles war schwarz. Schwarze Wolken. Alles hat gebrannt. Die Häuser waren zum Teil vollkommen zerstört oder so zur Hälfte abrasiert, da hat man ein Klavier gesehen, das zur Hälfte heruntergehangen ist oder die Gewürzständer in der Küche eines bombardierten Hauses. Es war wie der Einbruch des Surrealismus in die bürgerliche Welt. Die ganze bürgerliche Welt ist verhöhnt und ad absurdum geführt worden."

In der Schweiz verfügt jedes Haus über einen Atombunker, so auch jenes in der prachtvollen Landschaft der Innerschweizer Berge, in dem ich immer wieder Zeit verbringen durfte. Aus der herrlichen Bergluft und dem Eindruck eines wunderbar sonnigen Tages begab ich mich in den Schutzraum, dessen Tür so massiv und schwer war, dass ich sie allein gar nicht schließen konnte, und ließ mich für einige Minuten „einsperren". Als die Tür geschlossen war und das fahle Licht den Raum spärlich beleuchtete, fühlte ich mich wie erdrückt und fürchtete, nicht genug Luft zu bekommen. Die Minuten fühlten sich wie viele Stunden an und ich freute mich auf das Zurückkehren aus der Welt von unten in die Welt von oben.

Im Jänner 1991 reiste ich im Auftrag des ORF nach Israel, das im zweiten Golfkrieg unter dem Eindruck der Angriffe von Scud-Raketen aus dem Irak stand. Gleich nach der Landung auf dem wie ausgestorben erscheinenden Ben Gurion-Flughafen in Tel Aviv erfolgte die Ausgabe von kleinen Boxen mit Atropinspritzen sowie Gasmasken für den Fall eines – vom irakischen Diktator Saddam Hussein angedrohten – Angriffs mit Giftgas. Auf der Fahrt in die Stadt erlebte ich Israel wie niemals zuvor. Keine Autos auf den Highways, die Straßen menschenleer, die pulsierende Küstenmetropole glich einer Geisterstadt. Das Hilton-Hotel, üblicherweise bevölkert von ausländischen Touristen, war zum Basislager für Journalisten aus aller Welt und zur Zentrale der Presseabteilung der IDF, der israelischen Armee, umfunktioniert worden. Den Neuangekommenen wurde beschieden, dass man sich beim Ertönen des Alarms umgehend in den 4. Stock begeben sollte, der als Schutzraum im Fall eines Gasangriffs diente. Wenn man sich in diesem Schutzraum befand, konnte man ihn, solange der Alarmzustand andauerte, nicht mehr verlassen. Die Atmosphäre war seltsam: Viele Menschen, dicht aneinander gedrängt, düsteres Licht. Wir alle trugen Gasmasken und konnten aus diesem Grund nicht vernünftig sprechen, sondern nur eigenartige Laute von uns geben. In dieser Enge kam es plötzlich zu einem Gerangel zwischen einem Kamerateam und einem Sicherheitsmann. Das Kamerateam wollte nur eine Sequenz über die Journalisten mit den Gasmasken drehen und dann den Schutzraum wieder verlassen. Die Security hatte den Raum aber bereits dicht gemacht. Aus dem Gerangel entwickelte sich ein Schlagabtausch, die Spannung war kaum auszuhalten. Nach Ende des Alarms war ich unendlich glücklich, ins Freie zu kommen. Ab diesem Zeitpunkt konnte ich mich nicht mehr überwinden, den so genannten gesicherten Raum zu betreten. Ich setzte mich über die Vorschrift hinweg und blieb während der nächsten Raketenangriffe in meinem Zimmer. Vom Balkon aus beobachtete ich die Raketenflüge, die glücklicherweise kaum Opfer forderten. Seitdem war ich mehrmals in Kriegssituationen in Israel. Diese Erlebnisse werde ich nie vergessen.

Mit der täglichen Realität der Bunker wurde ich im südisraelischen Sderot vertraut. Wenn man durch den Ort fährt, fällt auf, dass jedes Haus über einen kleinen Anbau verfügt. Diese Anbauten sehen wie winzige Kämmerchen aus, die an die Wohnhäuser andocken. Es sind Schutzräume, in die man innerhalb von Sekunden flüchten muss. Schulen, Spitäler, Behörden verfügen über etwas größere Räume. Dennoch überfällt einen überall die gleiche Beklemmung.

Bunker und Schutzräume sind im ganzen Land triste Realität. Denn in Israel gehören Bedrohung und Ausnahmesituationen zum Alltag. Daher wird auch versucht, diesen Schutzräumen einen Anschein von Normalität überzustülpen. Diesen „anderen" Alltag hat Adam Reynolds mit der Kamera festgehalten. Seine Fotos von Bunkern zeigen, wie sehr sich die Menschen in Israel bemühen, die Räume, die im Extremfall für das Überleben sorgen, so „normal" wie möglich zu gestalten. Für uns Europäer ist es geradezu unvorstellbar, im Angesicht ständiger Angst vor Vernichtung zu leben. Ich bin daher besonders dankbar für jeden Augenblick, den meine Familie und ich in Frieden erleben dürfen.

Als Ausstellungsort eignet sich das Museum Judenplatz ganz besonders für dieses Projekt. Bei den Ausgrabungen zur Errichtung des Shoah-Mahnmals von Rachel Whiteread wurden 1995 die Fundamente der 1421 zerstörten mittelalterlichen Wiener Synagoge entdeckt. Diese Fundamente erinnern an die dramatischen Ereignisse, als die gesamte mittelalterliche jüdische Gemeinde vertrieben oder ermordet wurde. Trotz dieses spektakulären Fundes wurde der Plan Simon Wiesenthals, ein Shoah-Mahnmal zu errichten, umgesetzt. Die Fundamente der Synagoge wurden überbaut, aber unterirdisch zugänglich gemacht. Um sie zu besuchen, muss man einen bunkerähnlichen Gang durchschreiten. Dieser Gang soll uns jedes Mal daran erinnern, dass unser Leben in Sicherheit nicht selbstverständlich und sehr zerbrechlich ist.

התעופה בן-גוריון, שהיה שומם, קיבלנו לידינו קופסאות קטנות עם זריקת אטרופין ומסכת גז, לשימוש במקרה של התקפה בגז רעיל – שבה איים הרודן העיראקי סדאם חוסיין. במהלך הנסיעה העירה חוויתי את ישראל כפי שלא נתקלתי בה מעולם. הכבישים המהירים היו ריקים ממכוניות, איש לא הלך ברחובות, עיר החוף הקצבית תל אביב דמתה לעיר רפאים. מלון הילטון, שבו מתארחים בדרך כלל תיירים זרים לכל אורך השנה, עבר הסבה לבסיס לעיתונאים שהגיעו מכל העולם, ולמרכז העיתונות של צה"ל. לאלה מבינינו שהגיעו זה לא מכבר הוסבר, כי בהישמע אזעקה היה עלינו לעשות את דרכנו במהירות לקומה הרביעית, ששימשה כמרחב מוגן מפני מתקפת גזים אפשרית. כאשר שהית בחלל מוגן זה, לא יכולת לעזוב אותו כל עוד שרר מצב החירום. האווירה בו הייתה בהחלט מוזרה: אנשים רבים נדחקו אלה לאלה, אור אפלולי. כולנו חבשנו מסכות גז, ומסיבה זו לא יכולנו לדבר באופן ברור, אלא רק להוציא קולות משונים. בדוחק זה התפתחה לפתע קטטה בין צוות צילום לבין איש ביטחון. צוות הצילום התכוון לצלם סצנה על העיתונאים החובשים את המסכות על פניהם, ולעזוב את המרחב המוגן לאחר מכן, אלא שאנשי הביטחון כבר הספיקו לאטום אותו. הקטטה התפתחה לחילופי מהלומות, והמתח באוויר היה נסבל רק בקושי. אחרי שניתן האות, הייתי מאושרת עד השמיים על כך שיצאתי לחופשי, והחל מרגע זה לא יכולתי עוד לשוב ולדרוך במה שנקרא אז החדר המוגן. הפרתי את ההוראות, וכאשר נשמעה האזעקה הבאה על מתקפת טילים נשארתי בחדרי. מן המרפסת יכולתי לעקוב אחר מעוף הטילים, אשר למרבה המזל כמעט ולא גבו קורבנות. מאז שהיתי בישראל מספר פעמים נוספות כאשר זו הייתה נתונה בכמה וכמה מצבי מלחמה, ואת החוויות האלה לא אשכח לעולם.."

על המציאות של חיים יומיומיים במקלטים למדתי בעיר שדרות, בדרומה של ישראל. כאשר אתה נוסע ברחבי העיר בולט לעין שלכל בית צמוד תא קטן. המבנים הנוספים האלה נראים כמו תאים קטנטנים שצמודים למבני המגורים, ולמעשה הם חללים מוגנים שאליהם צריך להימלט תוך שניות. לרשות בתי ספר, בתי חולים והרשויות עומדים חללים מוגנים גדולים יותר, אבל המועקה הפוקדת אותך היא אותה המועקה בכל מקום.

מקלטים וחללים מוגנים הם מציאות עצובה בכל רחבי המדינה, שכן בישראל האיום ומצבי החירום הם עניין של יומיום. מסיבה זו משתדלים התושבים גם לתת לחדרים ממגונים אלה דימוי של נורמליות. הצלם אדם ריינולדס תיעד שיגרה "אחרת" זו. התמונות שהוא צילם במקלטים מציגות, עד כמה האנשים בישראל משתדלים לעצב את החללים האלה, שיבטיחו את הישרדותם בחיים במקרים קיצוניים, באופן שהוא "נורמאלי" כמה שיותר. בעבורנו, האירופאיים, זה לגמרי בלתי נתפס לחיות תחת פחד תמידי מהשמדה. זו הסיבה שבגללה אני מודה במיוחד על כל רגע שבו משפחתי ואני יכולים לחיות בשלום.

מוזיאון יודנפלאץ מתאים במיוחד כמקום להצגתו של הפרויקט הזה. בעת החפירות שנערכו לקראת הקמתו של יד הזיכרון לשואה של רייצ'ל וייטרד, התגלו בשנת 1995 היסודות של בית הכנסת הווינאי מימי הביניים שנהרס בשנת 1421. יסודות אלה מזכירים את האירועים הדרמטיים, שבמהלכם גורשה או נרצחה כלל הקהילה היהודית של אותם הימים. למרות גילוי מרתק זה, יושמה תכניתו של שמעון ויזנטל להקים את יד הזיכרון לשואה. יסודותיו של בית הכנסת העתיק כוסו בבנייה החדשה, אבל נשמרה גישה תת-קרקעית אליהם. כדי לבקר בהם, נדרש לחלוף על פני שטח הדומה למקלט. מעבר זה, הוא האמור להזכיר לנו כל פעם מחדש, כי חיינו בביטחון אינם מובנים מאליהם וכי הם שבירים עד מאוד.

דניאל ספרה

אווירת מועקה

על אף שמקלטים הם מבנים האמורים להגן על בני אדם מפני סכנה ישירה, חללים אלה מקרינים אווירה של מועקה. הדוחק, הקור, הקירות העבים, הבטון, הפלדה והמחשבה על סכנת חיים הם הרכיבים המעוררים את התחושות הלא נעימות והמרגיזות.

שנות ההתבגרות שלי התאפיינו בסיפורים על מקלטים, חדרי מיגון או על מקלטים מפני תקיפות אוויריות. בראש ובראשונה שמעתי אותם מאבי, שהנאצים סיווגו אותו כ"בן-תערובת מדרגה ראשונה" בעקבות אמו היהודייה. הכריחו אותו לפנות גופות אחרי התקיפות האוויריות של כוחות הברית. הייתי אז בת 15 שנה. "שני מבצעים ברובע אוטקרינג נחרטו באופן מיוחד בזיכרוני: במקלט אחד ישבו אנשים שדם ניגר מפיהם ומאפיהם כאילו היו בחיים, אלא שההדף קרע את הריאות שלהם לגזרים. במקום אחר הופגז מרתף יינות והיה עלינו לפנות חלקי גופות שצפו ביין אדום." התיאורים של אבי נחרטו בתת-המודע שלי לצמיתות.

כאשר עבדתי בשלב מאוחר יותר על הביוגרפיה שלו עם האמן הרמן ניטש, דיברנו שוב ושוב גם על הנושא של הרדיקאליות של האמנות שלו, ושאלנו את עצמנו, מדוע הוא חש בצורך לבצע עבודה כה טעונה. הוא דיווח על הפחד מן המוות, שבו הוא חש כבר בגיל חמש שנים במהלך מלחמת העולם השנייה. האזעקה המפלחת את האוויר, האנשים הנסים על נפשם, הדממה במקלט ואז התפילות החרישיות. פלוריסדורף, הרובע בצפונה של וינה שבו התגוררו ניטש ואמו, היווה יעד מועדף של כוחות הברית בהיותו מקום מושבן של תעשיות שונות. מסיבה זו, חווה הרמן הקטן עד לשנת 1945 כמעט מדי יום מה הייתה המשמעות של להימצא בסכנת חיים. הוא נזכר: "כבר בגיל הזה חשתי בסכנת חיים אמתית וידעתי מה זה אומר למות, לאבד את הדירה ולהישאר חסר בית. אני בהחלט מאמין שהנסיבות הדרמטיות האלה השאירו בי חותם כלשהו. אולי זו הסיבה שבגללה שבים וצפים מצבי פחד כאלה, הם הרי קיימים, העולם עדיין אינו חופשי ממלחמות. כאשר שנים מאוחר יותר שמעתי למשל קולות אזעקה מפני הפגזה – במחזה ששודר ברדיו – זה תמיד השפיע עליי קשה במיוחד. קול היבבה הזה, אווווו –זה היה נורא, הוא התקשר אצלי תמיד באנשים נמלטים. כמובן, הם כולם רצו למקלט, ושם הם התפללו, יכולת לשמוע "מריה הקדושה אמו של ה'" בקולות חרישיים. ואני ידעתי, המצב ממש רע אם האנשים מתחילים להתפלל [...] כאשר היינו יוצאים מן המקלטים הכל היה שרוף. בתי החרושת, הכל היה שחור, עננים שחורים, הכל בער. אחדים מן הבתים היו הרוסים עד היסוד, או שרופים במידה כזו שיכולת להבחין בפסנתר שמחציתו נהרסה, או במדף התבלינים במה שהיה פעם המטבח של דירת מגורים. זו הייתה פריצתו של הסוריאליזם לחיים הבורגניים. זו הייתה מציאות שלגלגה על כל החיים הבורגניים והובילה אותם ad absurdum."

בשווייץ קיים מקלט אטומי ליד כל בית, וזה המקרה גם בבית ההוא, שהוקם באמצע הנוף המרהיב להרים במרכזה של שווייץ, שבו יכולתי לשהות שוב ושוב. מאוויר ההרים הנפלא ומן ההנאה שביום שמש נפלא, עשיתי את דרכי למקלט, שדלתו הייתה כה מאסיבית וכבדה, עד כי לא עלה בידי לנעול אותה בעצמי, ורציתי "להיכלא" בו לכמה דקות. כאשר הדלת נסגרה אחריי, והאור החיוור האיר את חלל החדר אך בקושי, חשתי מועקה של ממש ופחדתי שלא יהיה לי מספיק אוויר לנשימה. הדקות הרגישו כמו שעות ארוכות ושמחתי על החזרה מן עולם של מטה לעולם של מעלה.

בינואר 1991 טסתי, בהוראת רשות השידור האוסטרית, לישראל שהייתה נתונה אז תחת התקפות של טילי סקאד מעיראק עקב מלחמת המפרץ השנייה. מיד אחרי הנחיתה בנמל

DANIELLE SPERA

A SENSE OF BEWILDERMENT

Even though shelters are protective buildings, meant to hold off immediate danger from people, these places have an aura of distress. Confined space, coldness, thick walls, concrete, steel, and a sense of lives being threatened are the ingredients that trigger unpleasant and irritating sensations.

When I grew up, it was against a background of tales about bunkers and (air-raid) shelters. Most of them told by my father, who, because of his Jewish mother, had been categorized by the Nazis as a 'Mixed-blood of the 1st degree'. He was forced to help recover dead bodies after Allied air raids. He was 15 years old at the time. "I particularly remember two sorties in Ottakring: In one air-raid shelter people sat as if alive, with blood oozing from mouth and nose, but the air pressure had burst their lungs. Elsewhere a wine cellar had been hit and we had to recover body parts floating in red wine." His stories are permanently lodged in my mind.

When later I worked with performance artist Hermann Nitsch on his biography, we kept coming back to the radical nature of his art and explored the question why he felt positively driven to create such tension-laden work. He told me of the fear of death that he had felt as a mere five-year-old during the Second World War. The blaring sirens, the hastily fleeing people, the silence in the shelter, and then whispered prayers. Floridsdorf, where Nitsch and his mother lived, was a special target of the Allied forces because of its industrial sites. So until 1945 little Hermann experienced almost daily what it means to be in danger of death. He recalls: "Even at this age, I had a real fear of death and knew what it means to die, to lose one's home and to have nowhere to return to anymore. I do believe that this dramatic situation has left some residue in me. Maybe that is why there is always this repetition of such situations of fear. Which do exist. The world is not yet without war. If I later, in a radio play, heard an air-raid siren or something like it, it shook me to the core. This oohhoohhoohh sound, that is terrible, and I always associate it with people running. Obviously, they all hastened to the air-raid shelter. And there the prayers started, you could hear them whisper: "Hail Mary...". And I knew that things were really bad if people started to pray [...]. When we came out from the shelters, everything was burnt down. The factories, everything was black. Black clouds. Everything on fire. Some of the houses were completely destroyed, others half sheared off, you could see a piano, half of it hanging down, or a spice rack in the kitchen of a bombed house. It was like an incursion of surrealism into the bourgeois world. The whole bourgeois world was being mocked and made absurd."

In Switzerland every house has an atomic shelter, and so does the one in the magnificent mountain landscape of Central Switzerland, which I had the pleasure of visiting from time to time. Returning from the wonderful mountain air and the impressions of a gloriously sunny day, I went into the shelter, which had a door so massive and heavy that I was unable to close it by myself, and I asked to be 'locked in' for a few minutes. No sooner had the door been closed, that I, in the dull light of the room, felt as if a weight was pressing down on me and I was afraid of not getting enough air. The minutes felt like many hours and I was looking forward to returning from the world below to the world above.

In January 1991, on an ORF commission, I travelled to Israel, which was reeling from scud missile attacks out of Iraq in the Second Gulf War. Straight after landing on the eerily empty Ben Gurion Airport in Tel Aviv, we were handed little boxes of atropine syringes and gas masks against potential poison gas attacks as threatened by Iraqi dictator Saddam Hussein. On the journey into town I saw Israel as never before. No cars on the highways, no people in the streets, the vibrant coastal metropolis resembled a ghost town. The Hilton, usually filled with foreign tourists, had been turned into a base camp for journalists from all over the world and into the centre of the press department of the IDF, the Israel Defense Forces. Newcomers were told, on hearing the siren, to go straight to the fourth floor, where a shelter against gas attacks had been created. Once you were in this shelter, you could not leave it for the duration of the alarm. It was a strange atmosphere: many people, closely pressed together, gloomy lighting. We were all wearing gas masks, which meant that we could not talk normally, only issue strange sounds. In this confined situation, a tussle suddenly broke out between a camera man and a security man. The camera team just wanted to film a sequence about the journalists with the gas masks and leave straight away. But Security had already sealed the room. The tussle grew into a fight, the tension was unbearable. After the all clear I was infinitely relieved to get out. From that moment on I could not bring myself to go back to this so-called safe room. I ignored the rule and remained in my room during the next missile attacks. From my balcony I watched the missiles coming in, but, luckily, they did not cause many casualties. Since then I have repeatedly been in Israel in war situations. I will never forget these experiences.

I became familiar with the everyday reality of the shelters in Sderot in southern Israel. As you drive through the town, you notice that every house has a little lean-to. These additions look like tiny rooms docked onto the homes. They are the shelters you must reach within seconds. Schools, hospitals, administrative buildings have somewhat bigger rooms. And yet, the sense of unease is the same everywhere.

Bunkers and shelters are a dreary reality throughout the country, because in Israel threat and exceptional situations are part of everyday life. This is why attempts are being made to give these shelters the appearance of normality. Adam Reynolds has recorded this 'other' normality with his camera. His photos of shelters reveal the efforts of the people in Israel to make the rooms, which guarantee survival in extreme situations, seem as 'normal' as possible. It is almost inconceivable for us Europeans to live in permanent fear of annihilation. This makes me especially grateful for each moment that my family and I may live in peace.

The Museum Judenplatz is particularly well suited to present this project. During construction work for the Shoah Memorial by Rachel Whiteread in 1995, foundations of the Medieval Viennese synagogue, destroyed in 1421, were discovered. These foundations recall the dramatic events, when the entire Jewish community of the Middle Ages had been expelled or murdered. Despite this spectacular discovery, Simon Wiesenthal's plan for a Shoah Memorial was realized. The foundations of the synagogue were covered, but can be accessed underground. To get there you have to go through a bunker-like corridor. This corridor is to remind us every time that our life in safety is very fragile and cannot be taken for granted.

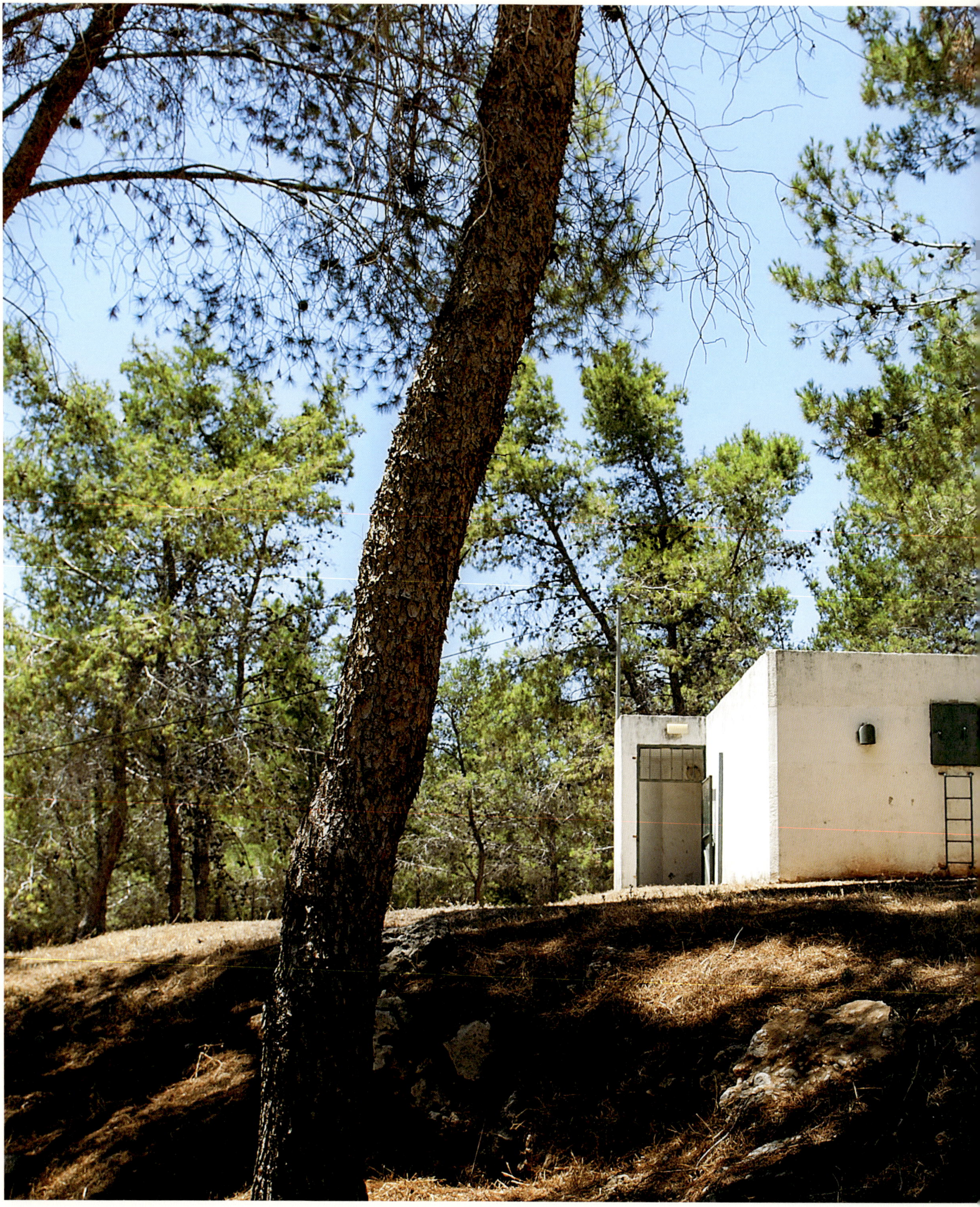

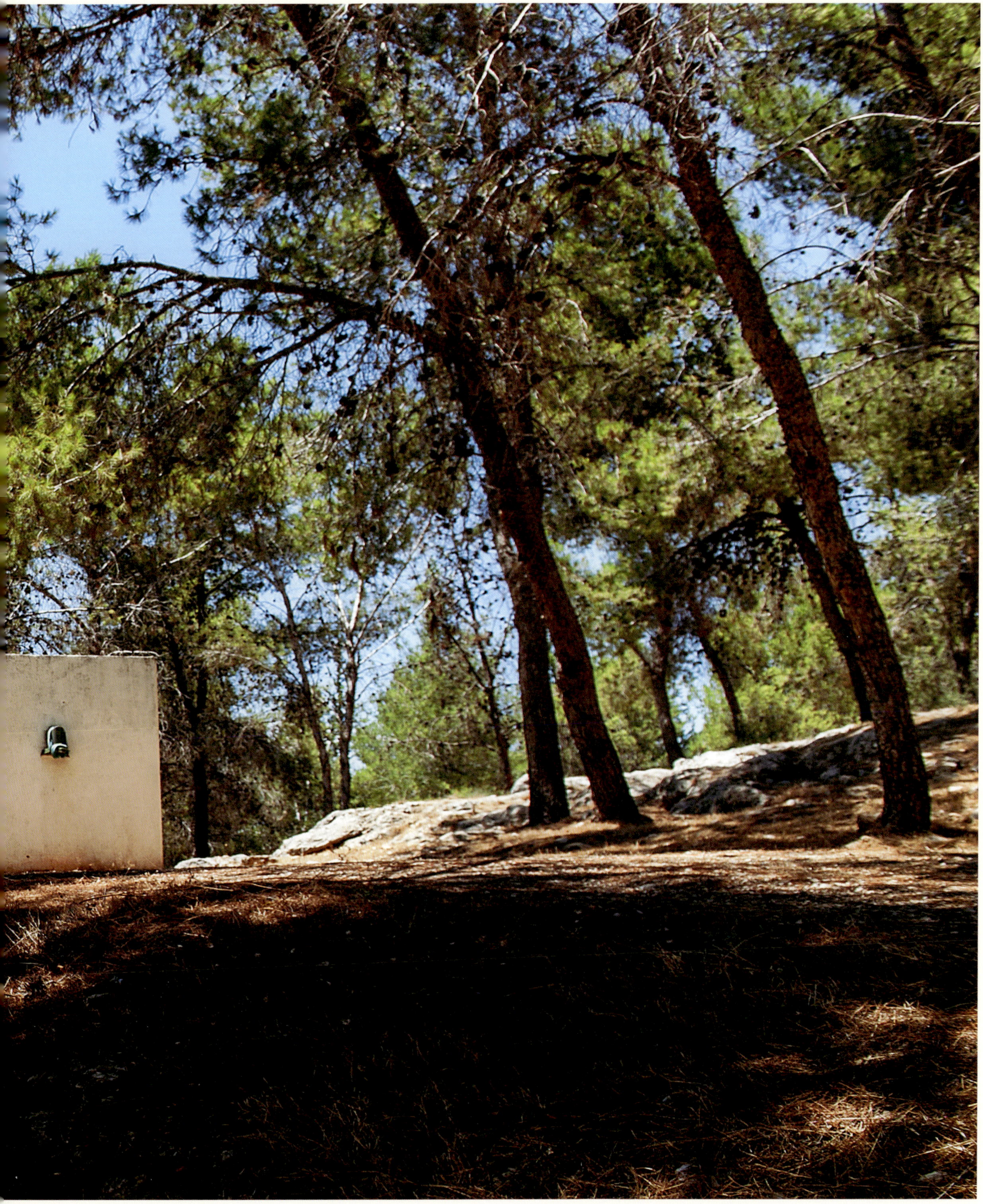

ADAM REYNOLDS

DIE ARCHITEKTUR EINER EXISTENZIELLEN BEDROHUNG

Seit seiner Gründung im Jahr 1948 hat sich Israel immer wieder allein gelassen und von Feinden bedrängt gefühlt, die auf seine Zerstörung aus waren. Trotz der Friedensverträge mit Ägypten und Jordanien fühlt sich das Land noch heute bedroht und von seinen Nachbarn ungeliebt. Dieses kollektive Gefühl eines Belagerungszustandes drückt sich am augenfälligsten in den Tausenden von Bunkern aus, die über das ganze Land verstreut sind. Das Gesetz schreibt vor, dass alle Israelis Zugang zu einem Luftschutzbunker haben müssen sowie zu Räumen, die bei einem Angriff mit chemischen Waffen luftdicht abgeschlossen werden können. In ganz Israel und den besetzten Gebieten gibt es rund eine Million öffentliche und private Bunker.

Die Fotografien in diesem Buch dokumentieren diese Bunker und geben einen Einblick in die Haltung des israelischen Volks. Die Israelis haben diese an den Weltuntergang gemahnenden Räume in ihren Alltag integriert und nutzen die öffentlichen Bunker als Tanzstudios, Stadtteilzentren, Schulräume, Konferenzsäle und Kneipen sowie für religiöse Zeremonien. Im privaten Bereich ist heutzutage das *mamad* (hebräisches Akronym für „Privater Schutzraum") am weitesten verbreitet, ein Bunkermodell aus Stahlbeton, das für gewöhnlich neun bis zehn Quadratmeter groß ist. Es kann an jedes Einfamilienhaus und jeden Wohnblock angebaut werden, und es lassen sich sogar mehrere Einheiten übereinander stellen. Die jüdischen Israelis, in deren Leben die Geschichte von Exil und Verfolgung ihres Volkes noch immer stark präsent ist, reagieren mit diesen Bunkern auf eine existenzielle Bedrohung, die sowohl „gefühlt" als auch ganz konkret ist.

Im Lauf der Jahre wurden die Bunker immer ausgeklügelter. Mit misstrauischem Blick auf den Iran und sein Nuklearprogramm hat Israel immer größere Schutzräume gebaut, die auch einem Angriff mit nicht konventionellen Waffen standhalten. Einer dieser Schutzräume ist die Tiefgarage des Habimah-Nationaltheaters in Tel Aviv. Sie ist vier Etagen tief und kann kurzfristig in einen Bunker umgewandelt werden, der bis zu 1600 Personen aufnehmen kann. Gleichfalls in Tel Aviv liegt die unterirdische Sammy Ofer-Notfallklinik, die normalerweise ebenfalls als Tiefgarage genutzt wird, aber innerhalb von 48 Stunden in eine Intensivstation mit 1000 Betten verwandelt und sieben Tage lang völlig autonom betrieben werden kann. Sie verfügt über eigene Sauerstofftanks, Strom- und Wasseranschlüsse sowie einen eigenen Operationssaal.

Ami Shinar ist ein israelischer Architekt, dessen Büro den Bahnhof in Sderot gebaut hat. Das keilförmige Gebäude aus Stahlbeton, das förmlich aus dem Boden zu wachsen scheint, hält auch einem Raketenbeschuss aus dem Gaza-Streifen stand. Seine Eingänge sind nach Osten ausgerichtet, abgewandt vom Gaza-Streifen und der potenziellen Bedrohung, die dort lauert. Es ist der erste und bislang einzige bombensichere Bahnhof in ganz Israel. Bei dem Gedanken an die immer ausgefeilteren, fatalistischen und bisweilen absurden Schutzräume in Israel, die einen Atomschlag überstehen sollen, stellt Shinar die rhetorische Frage: „Sollte hier in Israel jemals das Undenkbare geschehen – wer wollte nach so einem Ereignis noch weiterleben? Wie würde unser Land dann aussehen? Statt uns gegen den Weltuntergang zu wappnen, sollten wir unser Möglichstes tun, um mit allen unseren Nachbarn an einer besseren Zukunft zu arbeiten. Ja, wir leben in einer instabilen Region, aber ich bin der festen Überzeugung, wir sollten uns lieber viel intensiver um Frieden bemühen, anstatt immer nur weitere Milliarden für die Verteidigung aufzuwenden."

Die Kriege, die Israel in der Vergangenheit geführt hat, waren alle vergleichsweise kurz und dauerten nur wenige Wochen oder gar Tage. Die Bunker mussten daher stets nur für einen begrenzten Zeitraum zur Verfügung stehen. Aufgrund dieser Erfahrung gestatten die Behörden die öffentliche oder anderweitige Nutzung der Bunker, damit diese instand gehalten werden. Das mindert für die Gemeinden die Last, die dieser Unterhalt darstellt, und ermöglicht eine Nutzung, die über den eigentlichen Zweck hinausgeht.

Die Bilder sind von 2013 bis 2015 entstanden und entwerfen eine breit angelegte, sowohl kulturgeschichtliche als auch geografische Typologie der Schutzräume. Um einen möglichst breiten Überblick zu schaffen, habe ich Schutzräume auf beiden Seiten der Grünen Linie, in ganz Israel und den besetzten Gebieten dokumentiert. Im Zuge dieser Arbeit habe ich nicht nur die unterschiedlichsten Schutzräume gesehen, sondern auch gelernt, dass sich die Bunker-Infrastruktur von Stadt zu Stadt unterscheidet, je nach vorherrschender Bedrohung. In Haifa wurden nach dem Krieg gegen die Hisbollah im Jahr 2006 die Bunker aus Furcht vor einem erneuten Krieg vergrößert und noch stärker befestigt. In Gemeinden in der Nähe des Gaza-Streifens, etwa in Sderot, soll jeder innerhalb der 20 Sekunden, die nach einem Raketenalarm noch bis zum Einschlag bleiben, einen Bunker erreichen können. Sderot ist mit Bunkern aus Stahlbeton buchstäblich übersät, und selbst die Schulen dort sind raketensicher. In Jerusalem wiederum, wo man erst seit Kurzem mit wahllosem Raketenbeschuss rechnet, machen die Zivilbunker einen veralteten Eindruck und wirken, als würden sie von der Stadtverwaltung nur noch rudimentär unterhalten.

Die vorliegenden Bilder unternehmen den Versuch, die unterschiedlichen Welten der Kunst und der Reportage zusammenzuführen. In einem Land wie Israel ist es schwierig, wenn nicht unmöglich, Kunst und gesellschaftliche Wirklichkeit zu trennen. Einige der lebhaftesten Erinnerungen, die ich mit diesem Projekt verbinde, stammen aus meinem ersten Jahr in Jerusalem, 2000/2001, der Anfangszeit der Zweiten Intifada. Einmal ging ich auf dem Weg in die Altstadt an einer Polizeiwache vorüber. Auf einem schmutzigen Hof, auf dem abgeschleppte Fahrzeuge abgestellt waren, stand eine Reihe verbogener und geborstener Busse, in denen sich Selbstmordattentäter in die Luft gesprengt hatten. Der Anblick dieser verkohlten, menschenleeren Überreste führte mir das ganze Ausmaß der Tragik vor Augen, von der diese Wracks Zeugnis ablegten. So begann das Bunker-Projekt mit dem Ziel, leere Räume zu präsentieren, die dem Betrachter Anstoß für eigene Reflexionen geben sollten.

Ich habe mich diesen Innenräumen behutsam und geduldig genähert, den Blick auf ihre ästhetische Beschaffenheit gerichtet, ganz in der Tradition der Architekturfotografie. Anregungen fand ich dabei vor allem in Arbeiten zweier Fotografen, sowohl was die Herangehensweise an die Bilder betrifft, als auch die Art, wie sie bestimmte Ideen zum Ausdruck bringen, die jenseits der abgebildeten Räume liegen. Richard Ross hat für sein Projekt „Waiting for the End of the World" auf der ganzen Welt Luftschutzkeller aus der Zeit des Kalten Krieges besucht, und Lucinda Devlin betrachtet in „The Omega Suites" Hinrichtungskammern in den Vereinigten Staaten. Während der Arbeit an den vorliegenden Fotografien habe ich versucht, mich von meinen Ansichten zum Nahostkonflikt zu lösen. Ich wünsche mir, dass die menschenleeren Räume allein durch ihre architektonische Beschaffenheit wirken, dass sie direkt mit dem Betrachter in Verbindung treten und ihm ermöglichen, sie zu erleben und sich seine eigenen Gedanken zu machen.

Zwar halte ich es für wichtig, dass der Betrachter diese Räume unvoreingenommen betritt, doch berührt diese Arbeit auch Aspekte des modernen israelischen Selbstverständnisses. Betrachtet man als Außenstehender diese Schutzräume mit ihren massiven Stahltüren und den unheilverkündenden Öffnungen der Belüftungsschächte in den Wänden, so liegt die Erinnerung an die Gaskammern des Holocaust nicht fern. Für die Israelis sind diese Schutzräume jedoch eine simple praktische Notwendigkeit in einem offenkundig unlösbaren Konflikt. Sie liegen verborgen vor jedermanns Augen und gehören zum visuellen Alltag des Landes. Den Israelis bleibt nichts anderes als die Gratwanderung zwischen der allgegenwärtigen Angst vor Bedrohung und Krieg sowie der zehrenden Sehnsucht nach einem ganz normalen Leben.

התמונות הללו צולמו במהלך שלוש שנים, מ- 2013 עד 2015, והן מציעות טיפולוגיה תרבותית וגאוגרפית רחבה של המקלטים. סקרתי את המקלטים משני צדי הקו הירוק, בכל רחבי הארץ והשטחים הכבושים על מנת להציע תמונת מצב כללית. לא רק למדתי להכיר את סוגי המקלטים השונים ברחבי ישראל, אלא גם איך תשתית המקלט משתנה מעיר לעיר, בהתאם לסוג האיום הספציפי למיקום. לאחר מלחמת לבנון השנייה מול חיזבאללה ב- 2006, העיר הצפונית חיפה עברה שדרוג משמעותי של תשתיות המקלטים שלה, בגודל כמו גם בעמידות, בציפיה למלחמה הבאה. ביישובים הקרובים לעזה, כמו שדרות, הדגש הוא על הזמינות המיידית של מרחבים מוגנים, בשל זמן ההתרעה הקצר, בן חמש-עשרה השניות, מפני טיל הנורה מעזה. שדרות כולה מנוקדת במבני בטון מחוזק ואפילו בתי-הספר שלה בנויים לעמוד במתקפה. בירושלים, שם האיום מפני ירי טילים חסר הבחנה הוא מציאות יותר עדכנית, המקלטים נוטים להיות מיושנים ומתוחזקים באופן מינימלי על-ידי העיריה.

התצלומים הללו שואפים לאחד את העולמות המובהקים של אמנות גבוהה ודיווח עיתונאי (רפורטז'). תוך עבודה במקום כמו ישראל קשה, אם לא בלתי אפשרי, להפריד בין אמנות למציאות חברתית. אחד מהזכרונות היותר עזים שנולדו מהפרויקט הזה הוא מהשנה הראשונה שלי בירושלים בשנת 2000 ו- 2001, בתחילת האינתיפאדה השנייה. אני זוכר שחלפתי על פני תחנת המשטרה בדרכי לעיר העתיקה. היה שם מגרש עפר עם שורה של שלדות מעוקמות ושבורות של אוטובוסים שפוצצו על-ידי מחבלים מתאבדים. לראות את השאריות החרוכות האלה, ריקות מאנשים, איפשר לי להכנס לתוך אותו מרחב פיזי ולהכניס את עצמי מנטלית לתוך המציאות הטראגית שלו. הרעיון של נתינת חלל ריק למבקר להרהור ומחשבה אישיים הפך למטרה הראשונית ליצירת תמונות המקלטים.

ניגשתי לחללים הפנימיים הללו בעין בוחנת וסבלנית לקומפוזיציה האסתטית של החלל, לפי מסורת הצילום האדריכלי. עשייתם של שני צלמים במיוחד העניקה השראה לתמונות אלה, בגישה ליצירתם כמו גם באופן בו הם מייצגים רעיונות שמעבר לחלל הפיזי. הפרויקט של ריצ'רד רוס, "Waiting for the End of the World" בוחן חללי מקלטים מתקופת המלחמה הקרה ברחבי העולם. "The Omega Suites" של לוסינדה דבלין בוחן חדרי הוצאה להורג ברחבי ארצות הברית. בסדרת התמונות שלי, עבדתי על מנת להשיל מעצמי את דעותיי האישיות בנוגע לסכסוך הערבי-ישראלי. המטרה שלי היא שהחללים האדריכליים, אנשים נפקדים, יתקשרו ישירות עם הצופים, ויאפשרו להם להכנס לחללים בעוד הם מגיעים למסקנות משלהם.

בעוד שהרגשתי שזה חשוב שהצופה ייכנס לחללים בתנאים שלו, העבודה חוקרת גם את רעיון הזהות הישראלית המודרנית. זר שיראה את המקלטים עם דלתותיהם הכבדות ופתחי האוורור האטימים הגדולים והמאיימים הקבועים בקירות, יתקשה שלא לערוך השוואה בינם לבין תאי הגזים בשואה. בשביל הישראלים, עם זאת, המקלטים הם פתרון מעשי לסכסוך עיקש. הם חבויים בגלוי, חלק מהשפה הויזואלית של המקום. לטובה או לרעה, הישראלים חייבים לאזן בין בין חרדות מתמידות ממלחמה וחוסר בטחון לבין רצון עז לנורמליות בחיי היום-יום.

אדםריינולדס
אדריכלות של איום קיומי

מאז קום המדינה ב- 1948, ישראל חשה לעתים קרובות מבודדת ומוקפת אויבים המנסים להשמיד אותה. למרות הסכמי השלום עם מצרים וירדן, ישראל ממשיכה להרגיש לא בטוחה ולא רצויה באזור. מנטליות המצור הקולקטיבית הזאת באה לידי ביטוי על ידי שכיחותם של אלפי המקלטים שנמצאים ברחבי הארץ. על פי חוק, לכל ישראלי חייבת להיות גישה למקלט ולחדרים שניתן לאטום במקרה של תקיפה בנשק לא קונבנציונלי. יש ברחבי ישראל והשטחים כמיליון מקלטים, הן פרטיים והן ציבוריים.

התצלומים שבסדרה זו מתעדים את אותם מקלטים ומציעים חלון לדפוס החשיבה הקולקטיבי של הישראלים. הישראלים הכניסו את "חללי יום הדין" הללו לשגרת חייהם, ומשתמשים במקלטים הציבוריים כסטודיו למחול, כמרכזים קהילתיים, ככיתות לימוד, חדרי ישיבות, פאבים, וכמקומות תפילה. כיום, המקלט הנפוץ ביותר בישראל הוא הממ"ד, מקלט פרטי בנוי מראש בייצור המוני, בדרך כלל בגודל תשעה עד עשרה מ"ר, העשוי בטון מחוזק. ניתן להתקין ממ"ד על צדו של כל בית או בניין דירות, וניתן אפילו לערום אותם זה על גבי זה. ליהודים ישראלים, המלווים על ידי היסטוריה של גלות ורדיפות, המקלטים הללו הם האדריכלות של איום קיומי, הן ממשי והן נתפס.

במשך הזמן, הפכו המקלטים ליותר מתוחכמים ומשוכללים. עם מבט חושש לכיוון איראן ותוכנית הגרעין העמומה שלה, בנתה ישראל מקלטים גדולים יותר ויותר, המיועדים לעמוד במתקפה של נשק לא קונבנציונלי. בתל אביב, אחד המקלטים האלה הוא החניון התת-קרקעי של תאטרון הבימה. בנוי ארבע קומות מתחת לאדמה, ניתן להסב את החניון במהירות למקלט ציבורי, עם מערכת סינון אוויר, שיכול להכיל עד 1,600 אנשים. כמו כן בתל-אביב, בית החולים התת-קרקעי לחירום ע"ש סמי עופר משמש כחניון תת-קרקעי, אך ניתן להפוך אותו בתוך 48 שעות למחלקת חירום שיכולה לתפקד באופן עצמאי עד שבעה ימים ולהכיל עד 1,000 מיטות חולים. לבית החולים התת-קרקעי יש מיכלי חמצן, תשתיות חשמל ומים בקירות וכן חדר בקרה משלו.

עמי שנער הוא אדריכל ישראלי שמשרדו תכנן את תחנת הרכבת של שדרות, עיר דרומית לתל-אביב. התחנה, בעלת יכולת עמידה במתקפת טילים מרצועת עזה השכנה, היא גוש של בטון מחוזק הבוקע מן האדמה, וכל דלתותיה וחלונותיה פונים מזרחה, הרחק מעזה ומכל איום פוטנציאלי. זוהי תחנת הרכבת הממוגנת היחידה בישראל. בעודו מהרהר באבסורדיות הפטאליסטית של מקלטים מתקדמים יותר ויותר המתוכננים לעמוד בפיצוץ גרעיני, שנער שואל רטורית, "אם זה שאין להעלות על הדעת היה קורה בישראל, למה שמישהו ירצה לשרוד את זה? איזו מין מדינה תהיה לנו לאחר מכן? במקום להתכונן לסוף העולם, אנחנו צריכים לעשות הכל כדי לבנות עתיד טוב יותר עם כל השכנים שלנו. אנחנו חיים באזור לא יציב, זה נכון. עם זאת, אני מאמין בתוקף שאנחנו יכולים להשקיע הרבה יותר מאמץ ומשאבים לעשיית שלום עם השכנים שלנו, במקום להוציא אין-סוף מיליארדים על הגנה אקטיבית ופאסיבית."

היסטורית, מלחמות ישראל היו קצרות יחסית וארכו שבועות אם לא ימים ספורים. פרט זה הפך את המקלטים להכרח לטווח קצר, כאשר השימוש בהם למטרתם המקורית נעשה רק לעתים רחוקות ולפרק זמן מוגבל. עקב כך, העיריות המקומיות, האחראיות על אחזקת המקלטים, מתירות שימוש ציבורי במרחבים בדרכים אחרות. דבר זה מקל על נטל האחזקה ונותן למקלטים תכלית מעבר לזו המקורית.

ADAM REYNOLDS

ARCHITECTURE OF AN EXISTENTIAL THREAT

Since its creation in 1948, Israel has often felt itself isolated and beset by enemies seeking its destruction. Despite the peace treaties with Egypt and Jordan, Israel continues to feel insecure and unwelcome in the region. This collective siege mentality is best expressed in the ubiquity of the thousands of bomb shelters found throughout the country. By law all Israelis are required to have access to a bomb shelter and rooms that can be sealed off in the event of a chemical weapons attack. There are approximately 1 million bomb shelters, both public and private, found throughout Israel and the Occupied Territories.

The photographs in this series document these bomb shelters and offer a window into the collective mind-set of the Israeli people. Israelis have normalized these apparent 'doomsday spaces' into their daily lives, using the public shelters as dance studios, community centres, school classrooms, conference rooms, pubs and places of worship. Today the most common shelter found in Israel is the *mamad*, a Hebrew acronym short for Residential Sheltered Space. The mamad is a mass-produced and prefabricated private shelter room, typically measuring 9 to 10 square metres and made from reinforced concrete. It can be grafted onto the side of any home or apartment building and even stacked vertically one on top of the other. For Jewish Israelis haunted by a history of exile and persecution, these shelters are the architecture of an existential threat, both real and perceived.

Over time, shelters have become more sophisticated and elaborate. With a wary eye cast towards Iran and its opaque nuclear programme, Israel has constructed ever larger shelters that are designed to withstand an attack from unconventional weapons. In Tel Aviv, one such shelter is the underground car park for the Habima National Theatre. Built four stories into the ground, the parking garage can quickly be converted into a civilian shelter, complete with its own air filtration system, with the capacity to accommodate up to 1600 people if needed. Also in Tel Aviv, the Sammy Ofer Underground Emergency Hospital normally functions as another underground parking garage, but can be transformed, within 48 hours, into an emergency ward that can function independently for up to seven days and hold up to 1000 hospital beds. The underground hospital has oxygen tanks, electricity and water built into its walls, and comes complete with its own operating room.

Ami Shinar is an Israeli architect whose firm designed the train station in Sderot, a town south of Tel Aviv. Able to withstand incoming rocket fire from the nearby Gaza Strip, the station is a reinforced concrete wedge erupting from the ground, its only windows and doors facing east, away from Gaza and any potential threat. It is the first and (so far) only bomb-resistant train station in all of Israel. When pondering the fatalistic absurdity of the ever more advanced shelters in Israel, designed to withstand a nuclear blast, Shinar asks rhetorically: "If the unthinkable were to ever happen here in Israel, why would anyone want to survive that? What kind of country would we have afterwards? Rather than planning for the end of the world, we should be doing everything we can to build a better tomorrow with all of our neighbours. We live in an unstable region, it is true. However, I strongly believe that we could spend much more effort and resources towards making peace with our neighbours, rather than spending endless billions on defence, active as well as passive."

Historically, the conventional wars Israel has fought in the past have been relatively short, lasting only weeks, if not merely days. This made the shelters a short-term necessity, used for their intended purpose only rarely and for a limited period of time. With this in mind, the local municipalities within Israel, which are charged with maintaining the shelter infrastructure, allow the spaces to be used by the public in other ways so that the shelters will always be well kept, properly lit, air conditioned, etc. This eases the burden of maintenance from the municipality and gives the shelters a purpose beyond their intended use.

These images were shot over the course of three years, from 2013 to 2015, and they offer a broad cultural and geographical typology of the shelter spaces. I documented these shelters on either side of the Green Line, throughout Israel and the Occupied Territories, in an effort to offer the broadest survey possible. Not only did I come to understand the different types of shelters found throughout Israel, but also how the shelter infrastructure itself would change from city to city, depending on the nature of the threat specific to that location. Following the 2006 war with Hizbullah, the northern city of Haifa saw a significant upgrade, both in size and durability, in its shelter infrastructure in anticipation of the next war. In the communities close to Gaza, such as Sderot, the emphasis is placed on the immediate availability of shelter areas to account for the less than 20-second warning time for incoming rocket fire from Gaza. Sderot is peppered with reinforced concrete structures throughout and even its schools are built to withstand an attack. In Jerusalem, where the threat of indiscriminate rocket fire is a more recent reality, its civilian shelters tend to feel dated and minimally maintained by the municipality.

These photographs seek to straddle the distinct worlds of fine art and reportage. Working in a country like Israel it is difficult, if not impossible, to separate art from social reality. Some of the more vivid memories born of this project arose during my first year in Jerusalem in 2000 and 2001, during the start of the Second Intifada. I recall walking past the police station on my way to the Old City. There was a dirt impound lot with a row of twisted and shattered shells of the buses that had been blown up by suicide bombers. Seeing these charred remains, devoid of people, allowed me to enter that physical space and to insert myself mentally into its tragic reality. The idea of offering the viewer the empty space for personal reflection and contemplation became the initial goal for creating the bomb shelter images.

I approached these interiors with a careful and patient eye to the aesthetic composition of the space, in the historical tradition of architectural photography. The work of two photographers in particular have inspired these images, both in the approach to making them and in how they represent ideas beyond the physical space. Richard Ross's project *Waiting for the End of the World* looks at the interiors of Cold War era shelters throughout the world; Lucinda Devlin's *The Omega Suites* looks at various execution chambers throughout the United States. With my series of images, I worked to divorce myself from my own views regarding the Israeli-Arab conflict. My goal is for the architectural spaces, the absent people, to communicate directly with the viewers and allow them to enter the spaces as they come to their own conclusions.

While I felt that it is important for the viewer to enter these spaces on their own terms, this work also explores ideas of modern Israeli identity. An outsider seeing these bomb shelters with heavy metal doors, and the large, sealable air vents set ominously into the wall, would find it difficult not to draw parallels to the gas chambers of the Holocaust. For Israelis, though, the shelters are simply a practical solution to a seemingly intractable conflict. They are hidden in plain sight, part of the visual vernacular of the country. For better or worse, Israelis must balance the ever-present anxieties about war and insecurity with a fierce desire for normality in daily life.

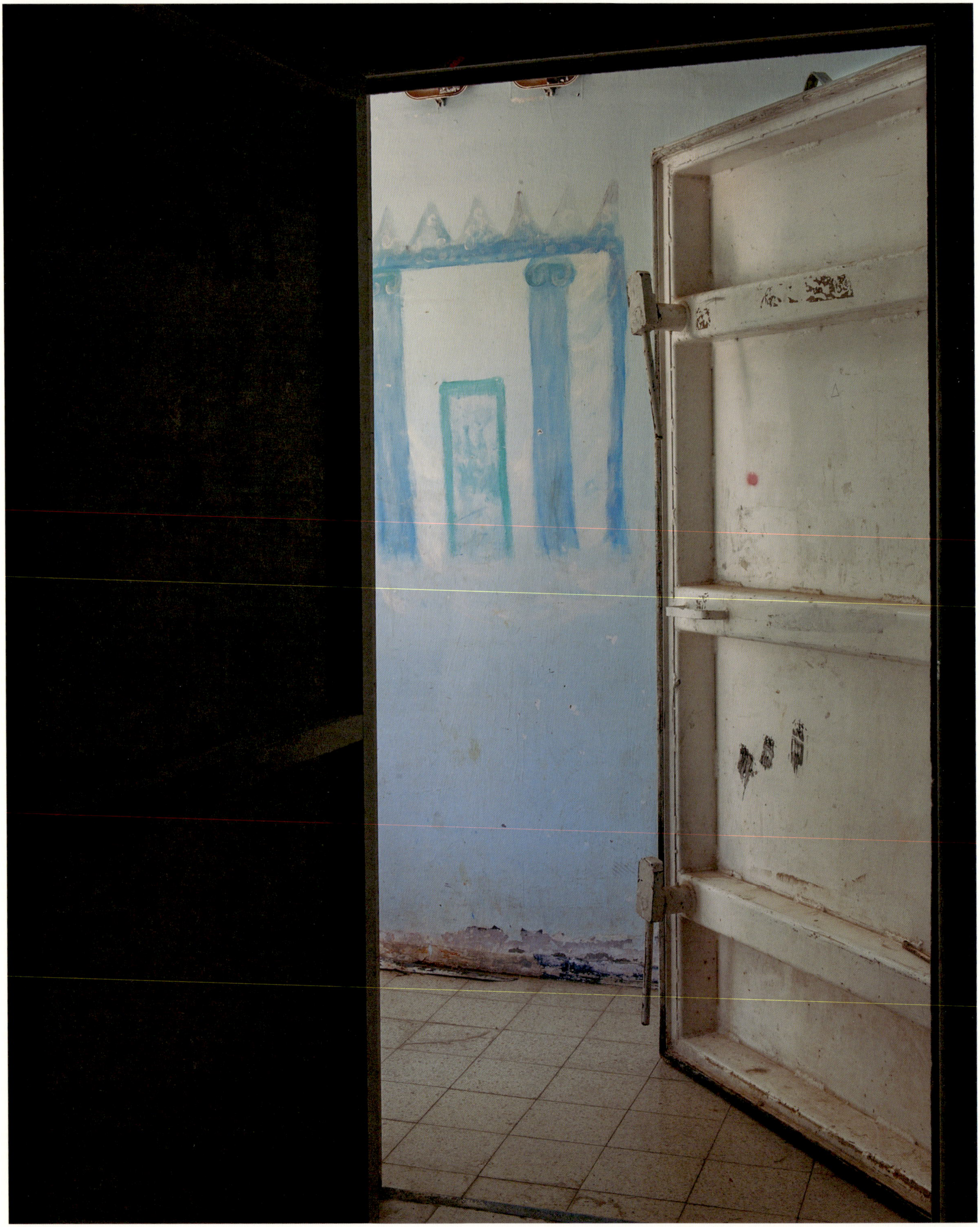

DIE FOTOGRAFIEN | התצלומים | THE PLATES

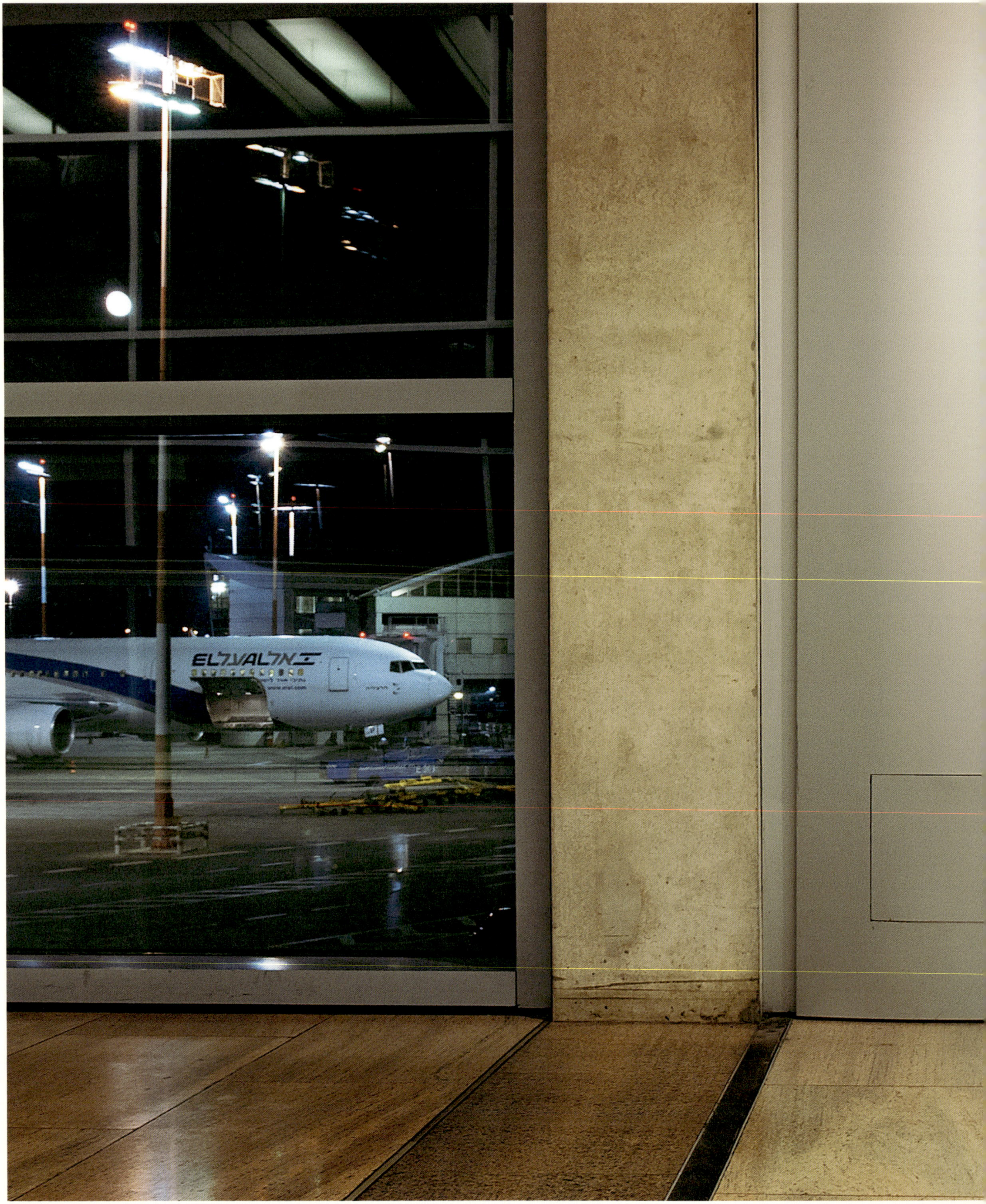
EL AL

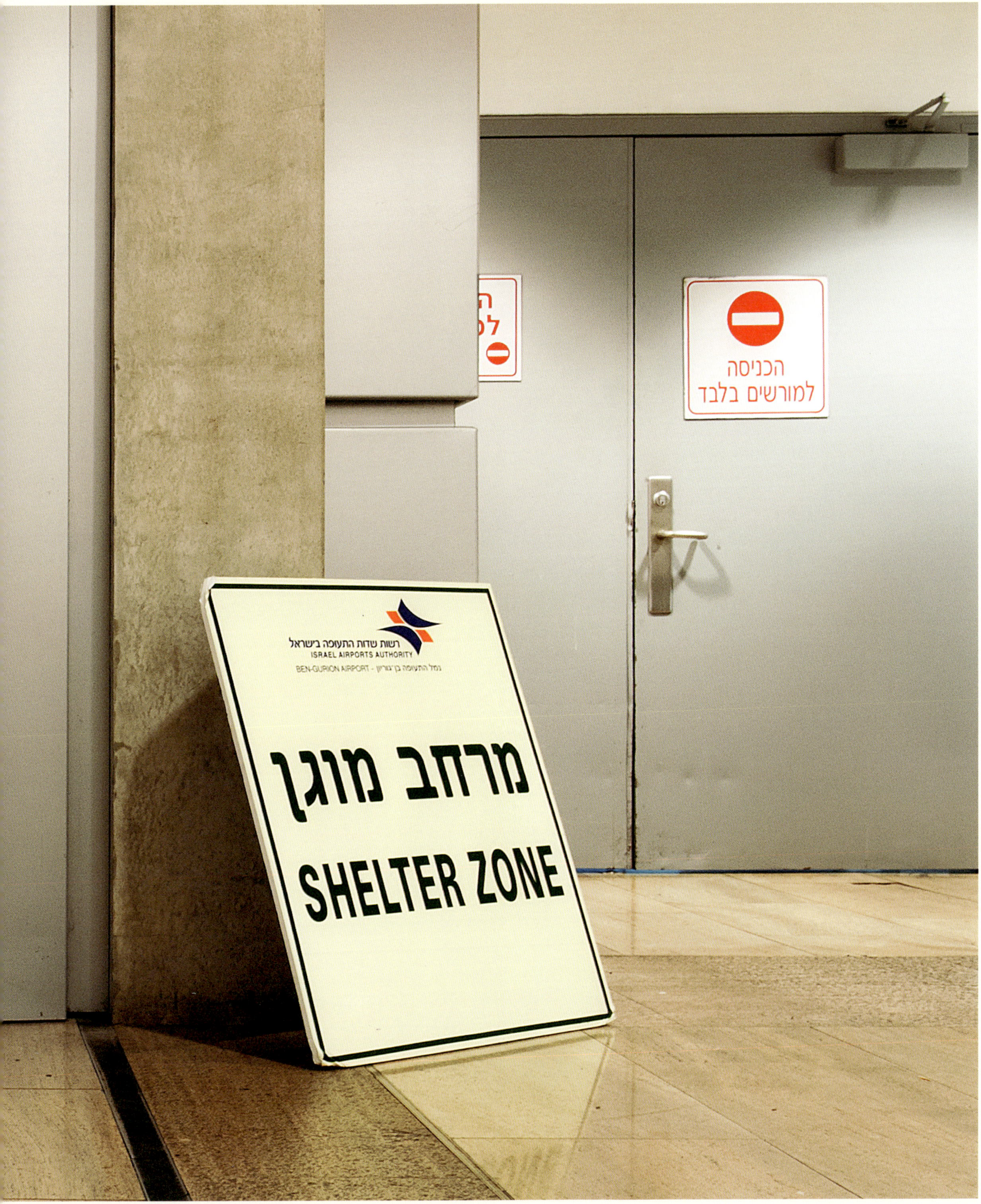
הכניסה
למורשים בלבד
רשות שדות התעופה בישראל
ISRAEL AIRPORTS AUTHORITY
BEN-GURION AIRPORT - נמל התעופה בן-גוריון
מרחב מוגן
SHELTER ZONE

Spielzimmer
Grundschule
Hurfeish

חדר משחקים
בית ספר יסודי
חורפייש

Children's play area
Primary school
Hurfeish

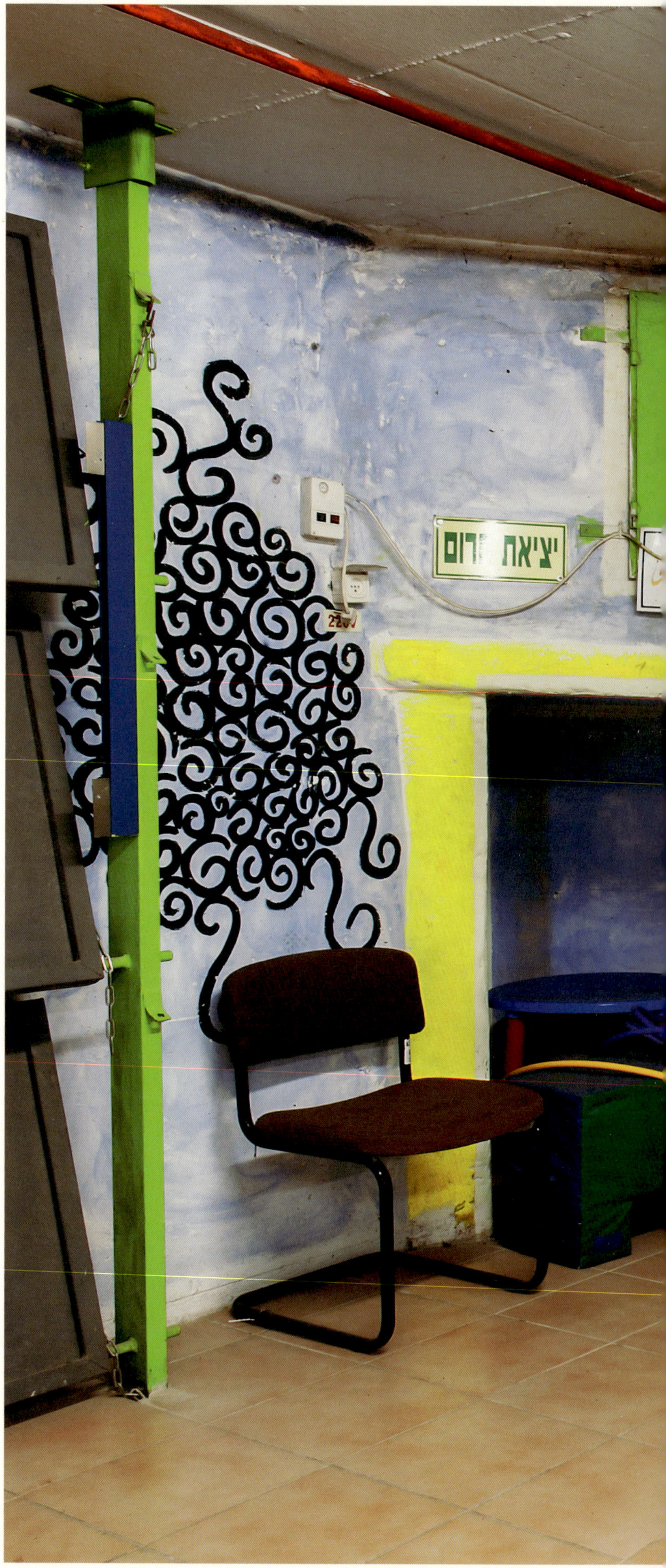

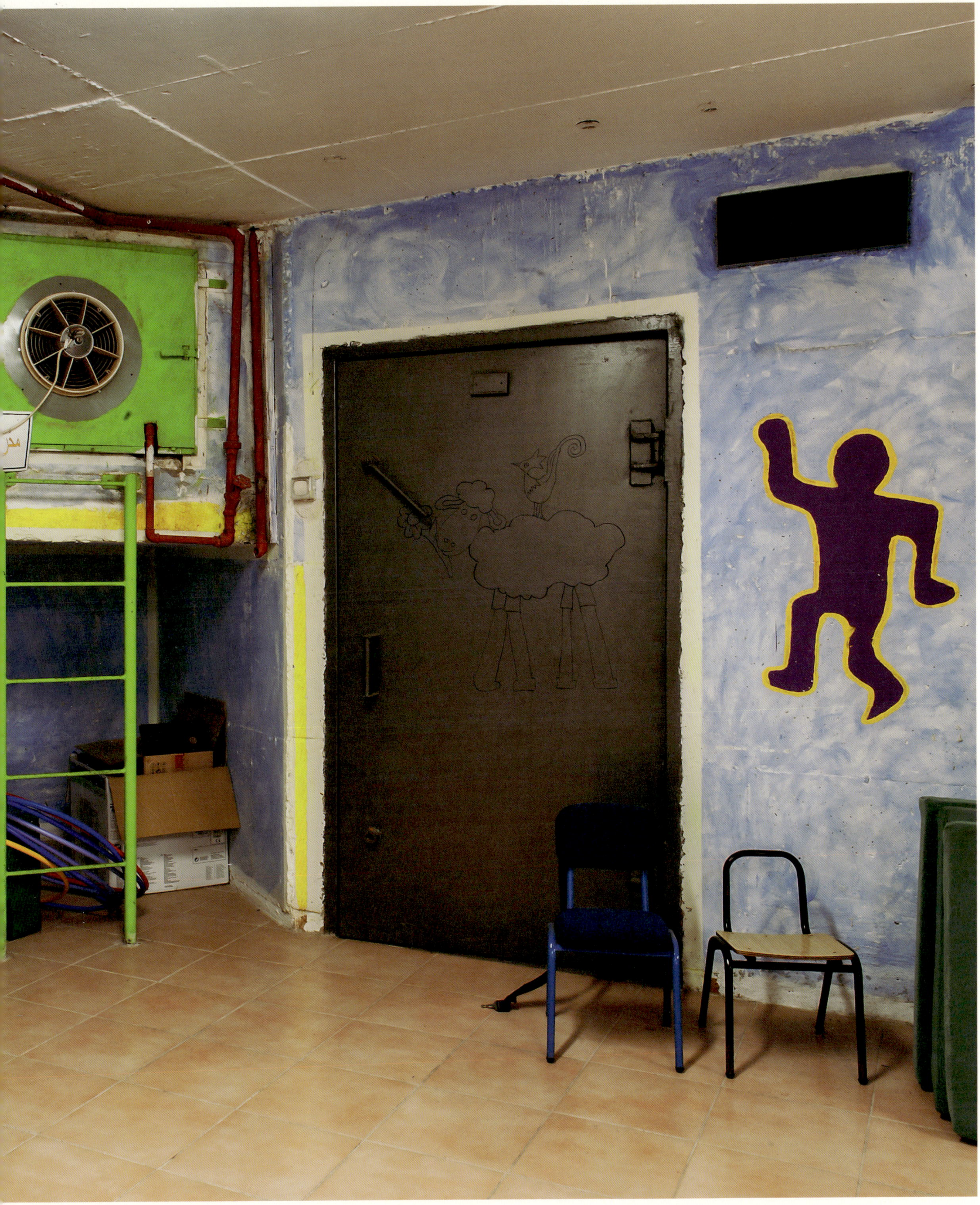

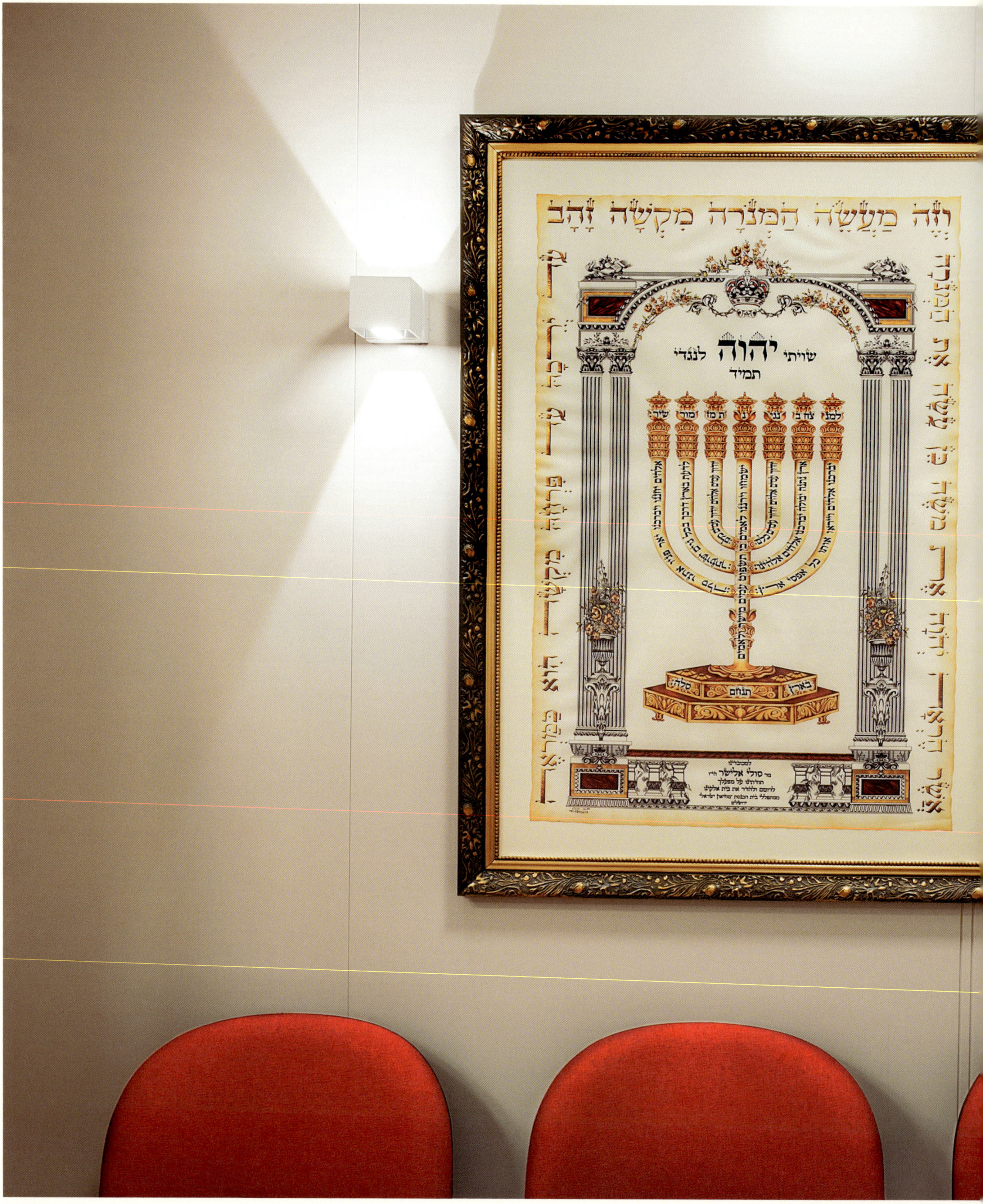
וזה מעשה המנרה מקשה זהב
שויתי יהוה לנגדי תמיד

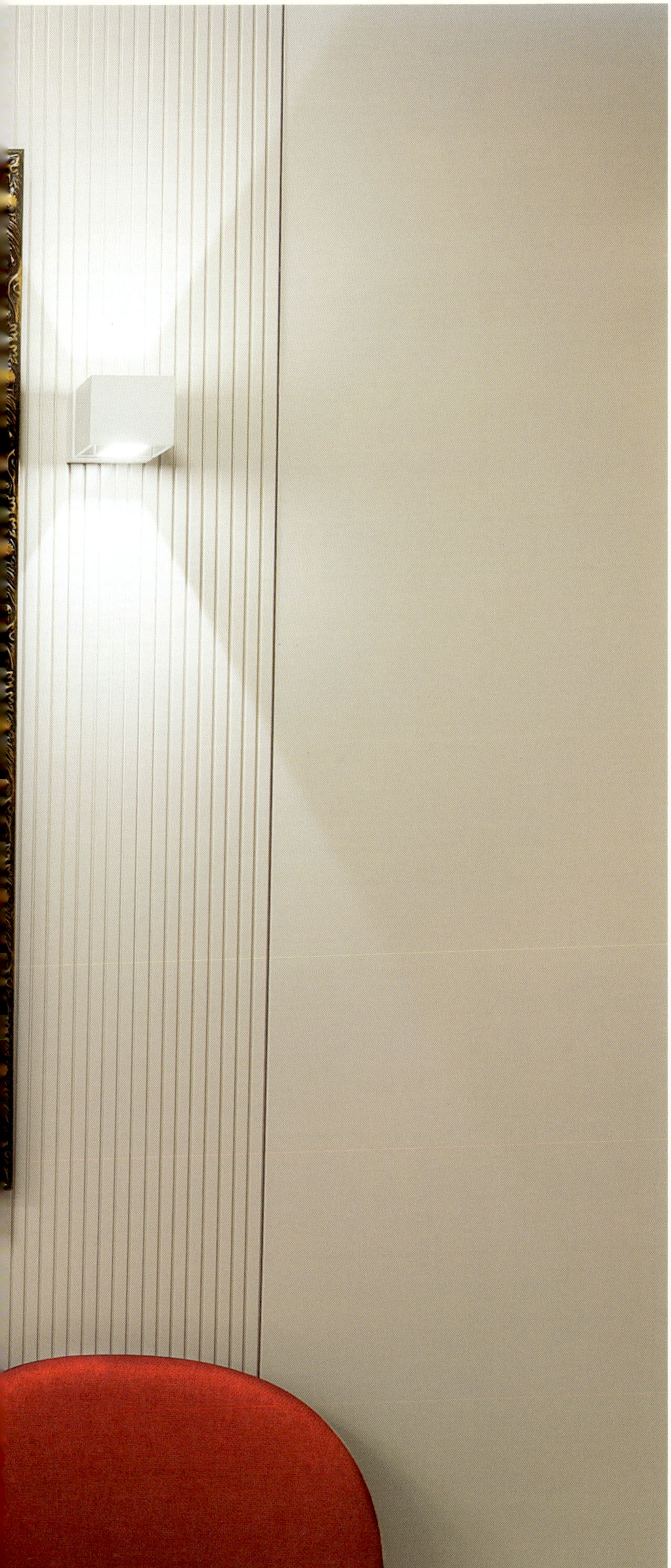

Synagoge
Israel Museum
Jerusalem

בית כנסת
מוזיאון ישראל
ירושלים

Synagogue
Israel Museum
Jerusalem

Kinderzimmer „mamad“
Privathaus
Kibbuz Kfar Aza

חדר ילדים במרחב מוגן דירתי
בית פרטי
קיבוץ כפר עזה

Children’s bedroom ‘mamad’
Private home
Kibbutz Kfar Aza

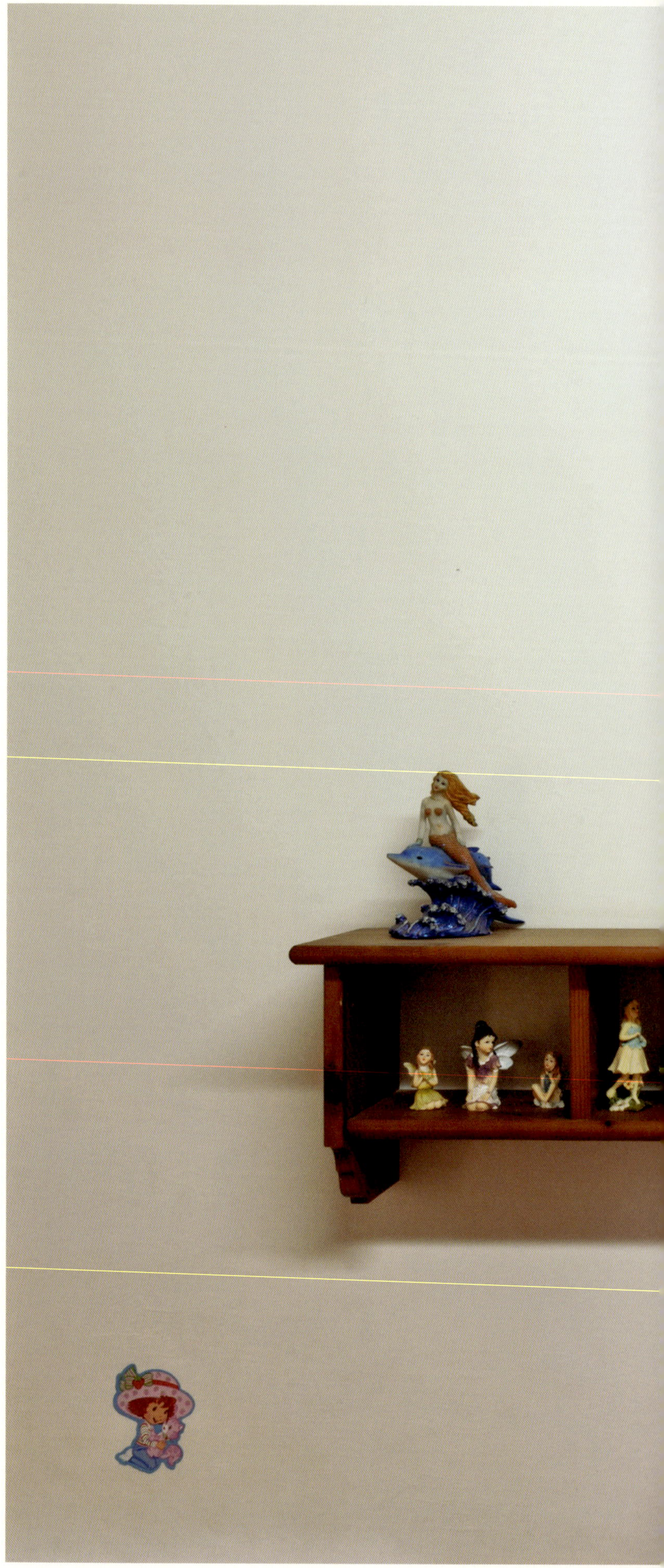

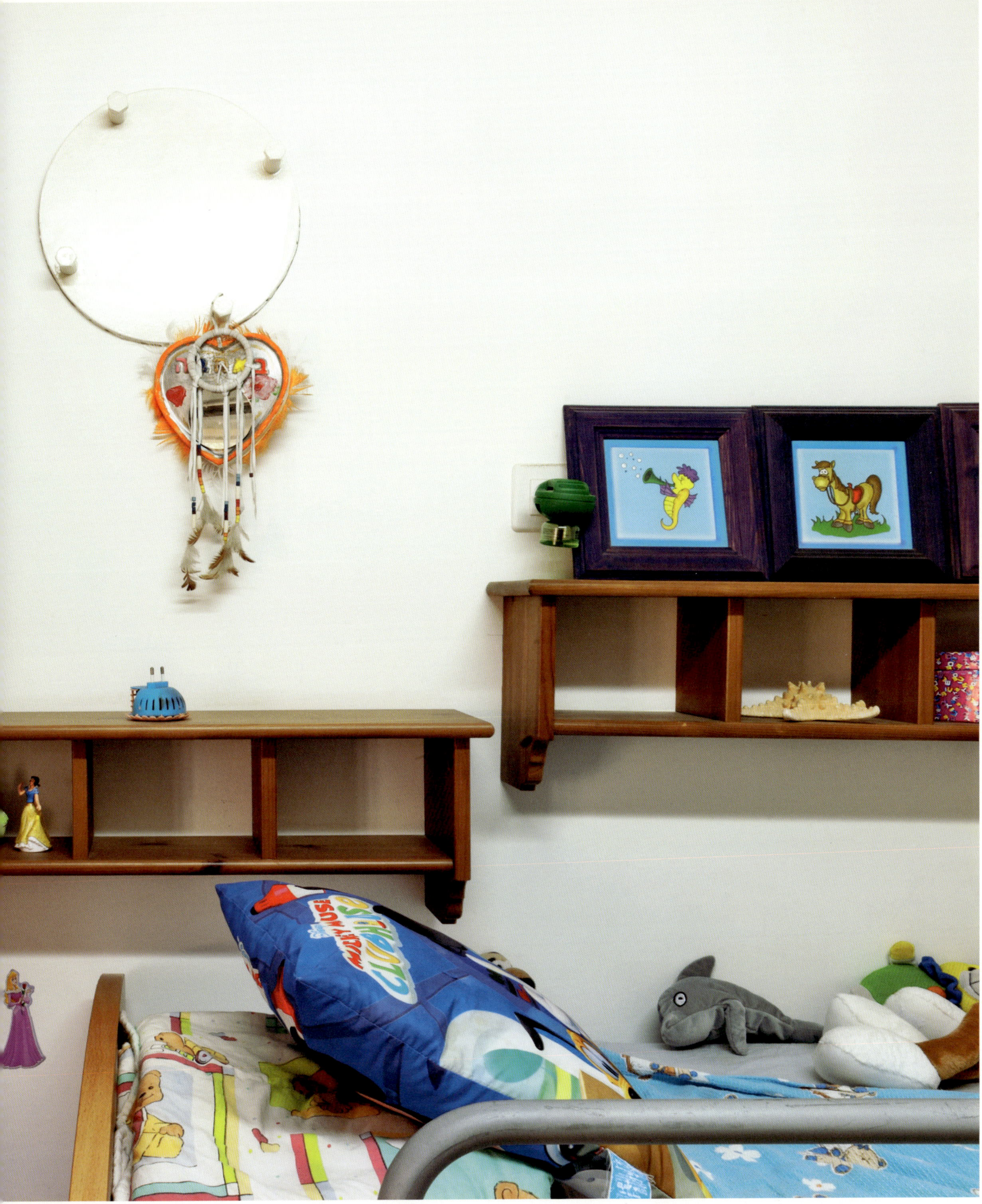

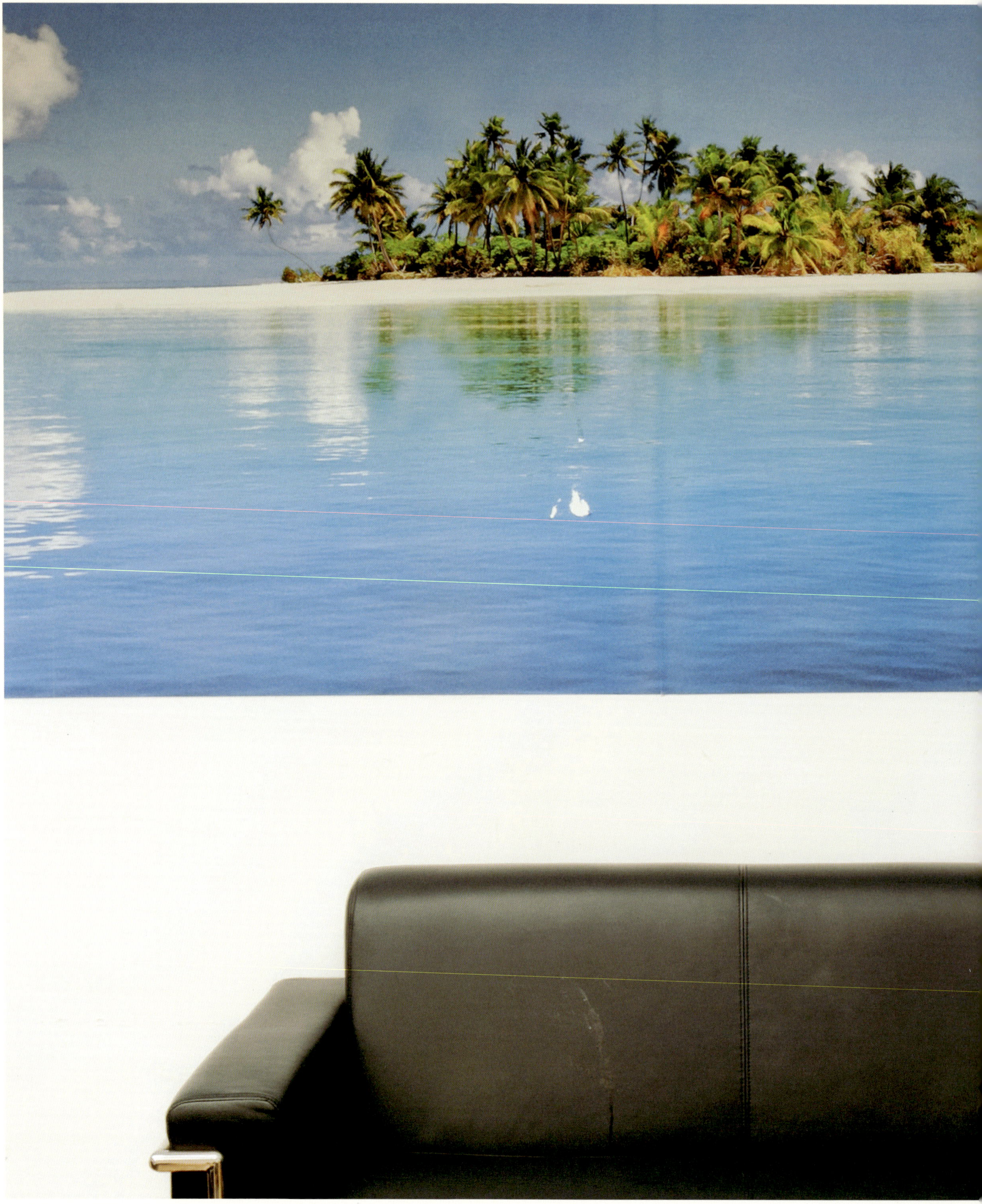

Aufenthaltsraum
Studentenwohnheim
Universität Haifa

חדר מגורים
מעון סטודנטים
אוניברסיטת חיפה

Recreation room
Student dormitories
University of Haifa

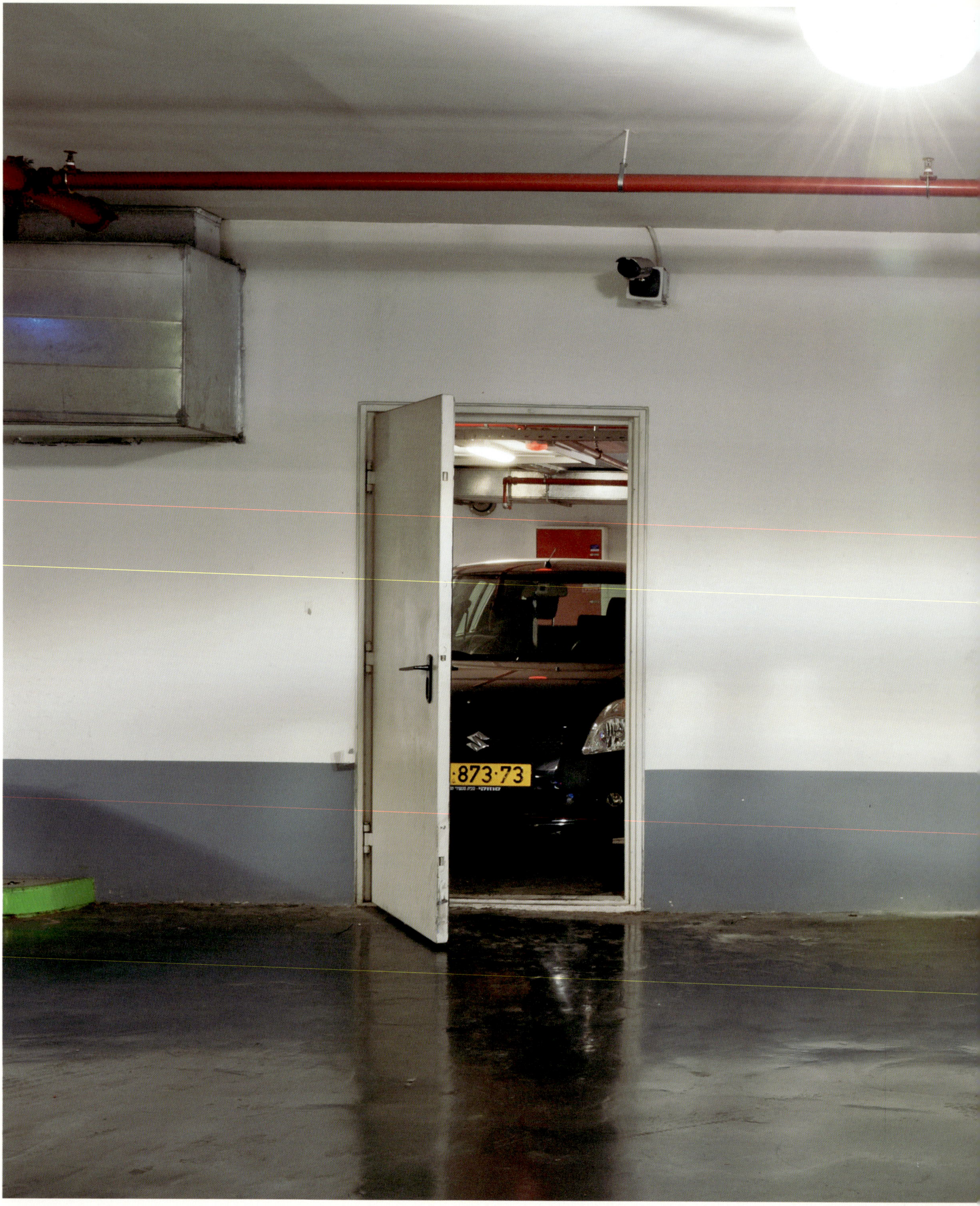
873·73

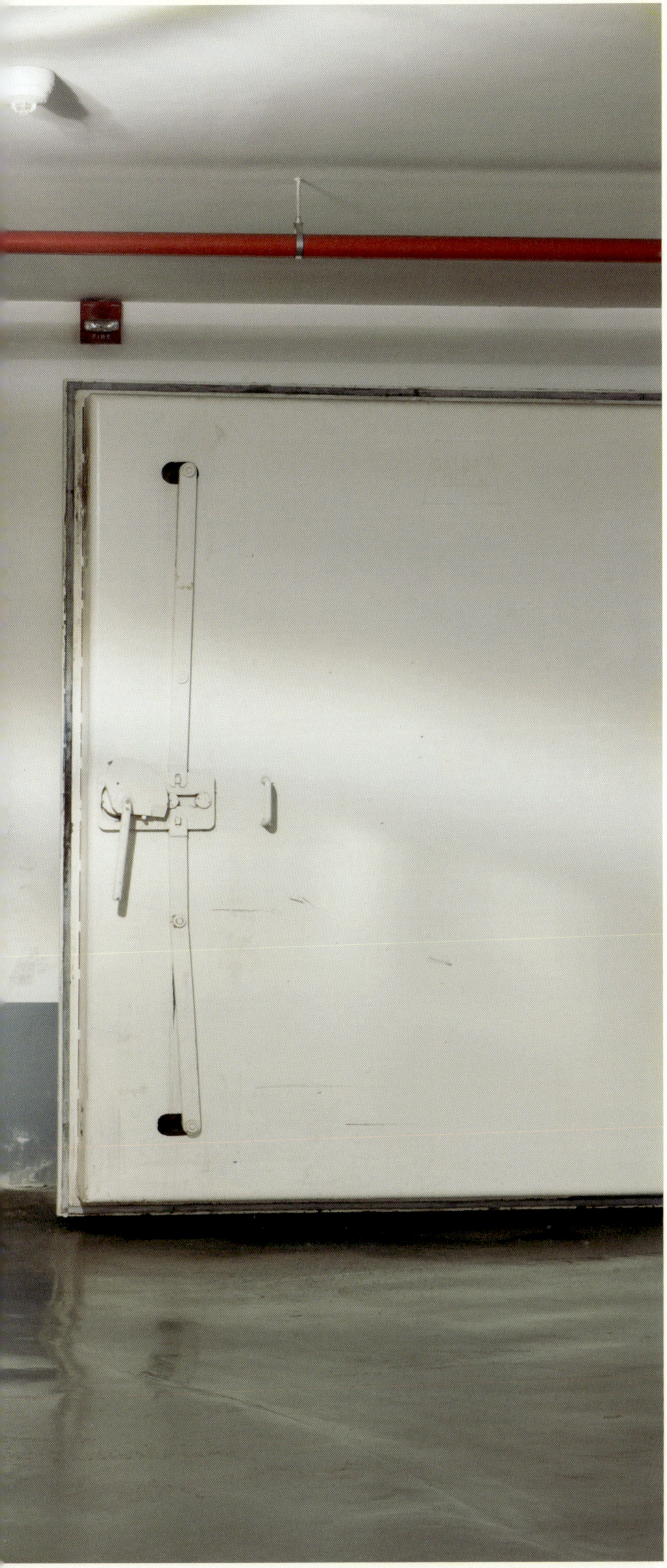

Habima Tiefgarage
Stadtzentrum
Tel Aviv

חניון תת-קרקעי בתיאטרון "הבימה"
מרכז העיר
תל אביב

Habima underground parking garage
Downtown
Tel Aviv

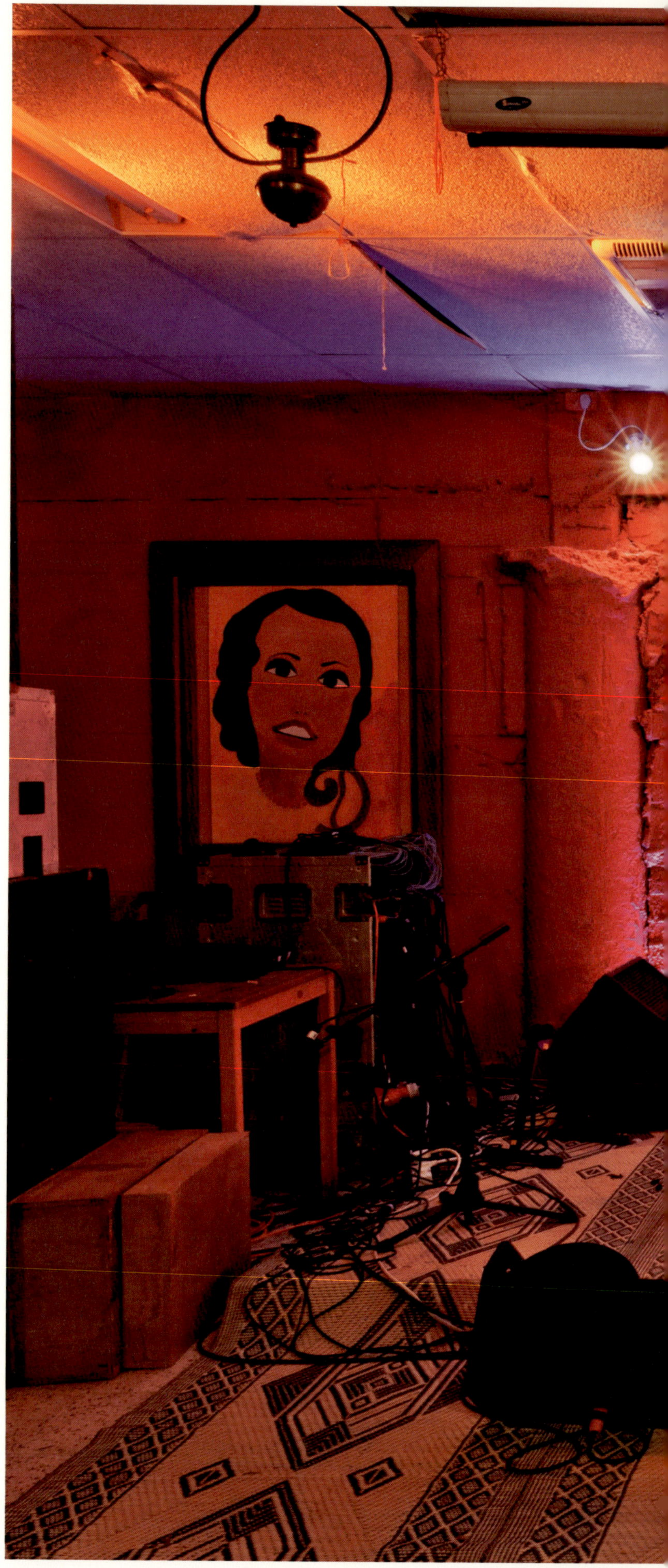

Pub
Kulturzentrum
Kibbuz Kfar Aza

פאב
מרכז תרבות
קיבוץ כפר עזה

Pub
Cultural Center
Kibbutz Kfar Aza

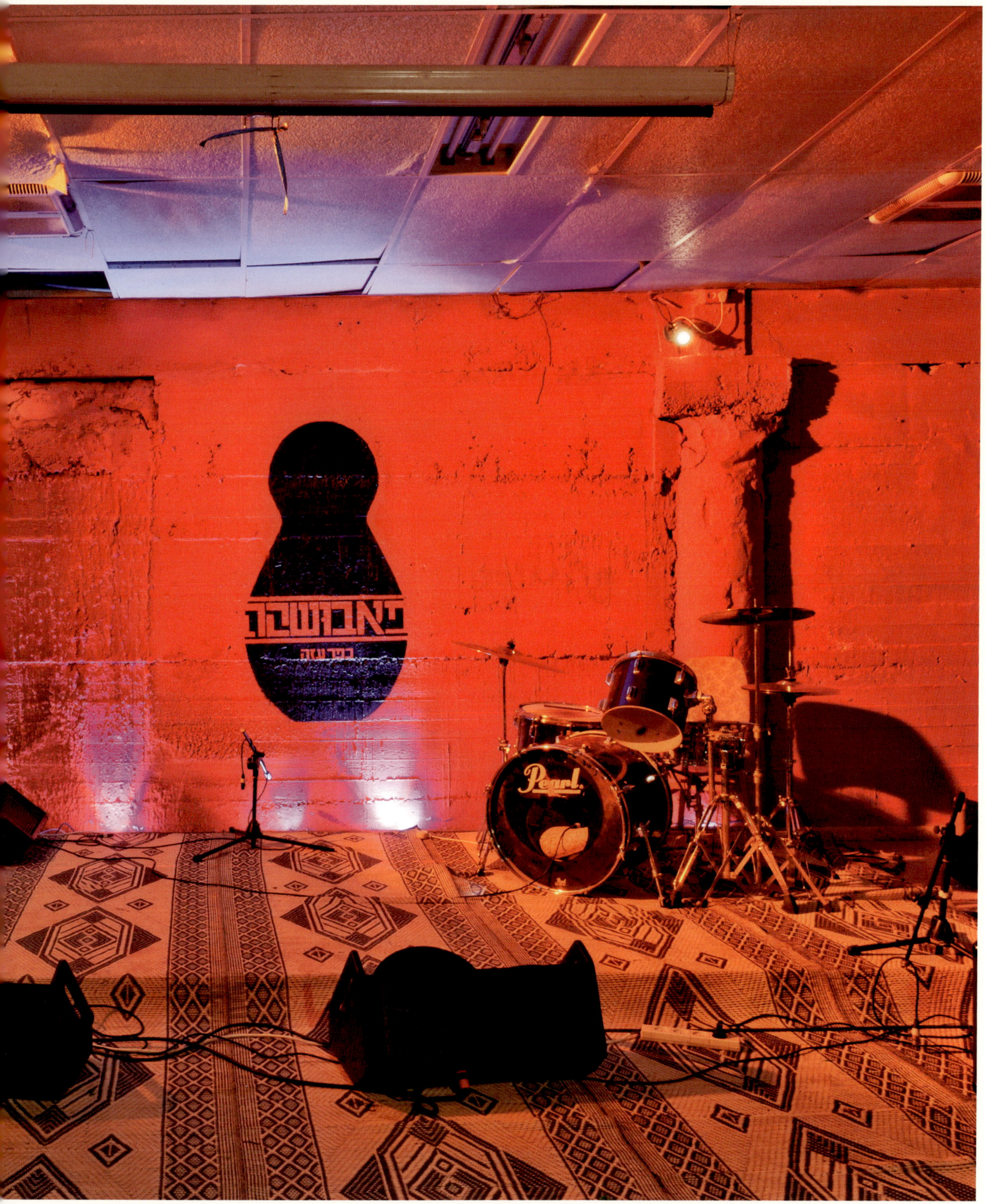
Pearl.

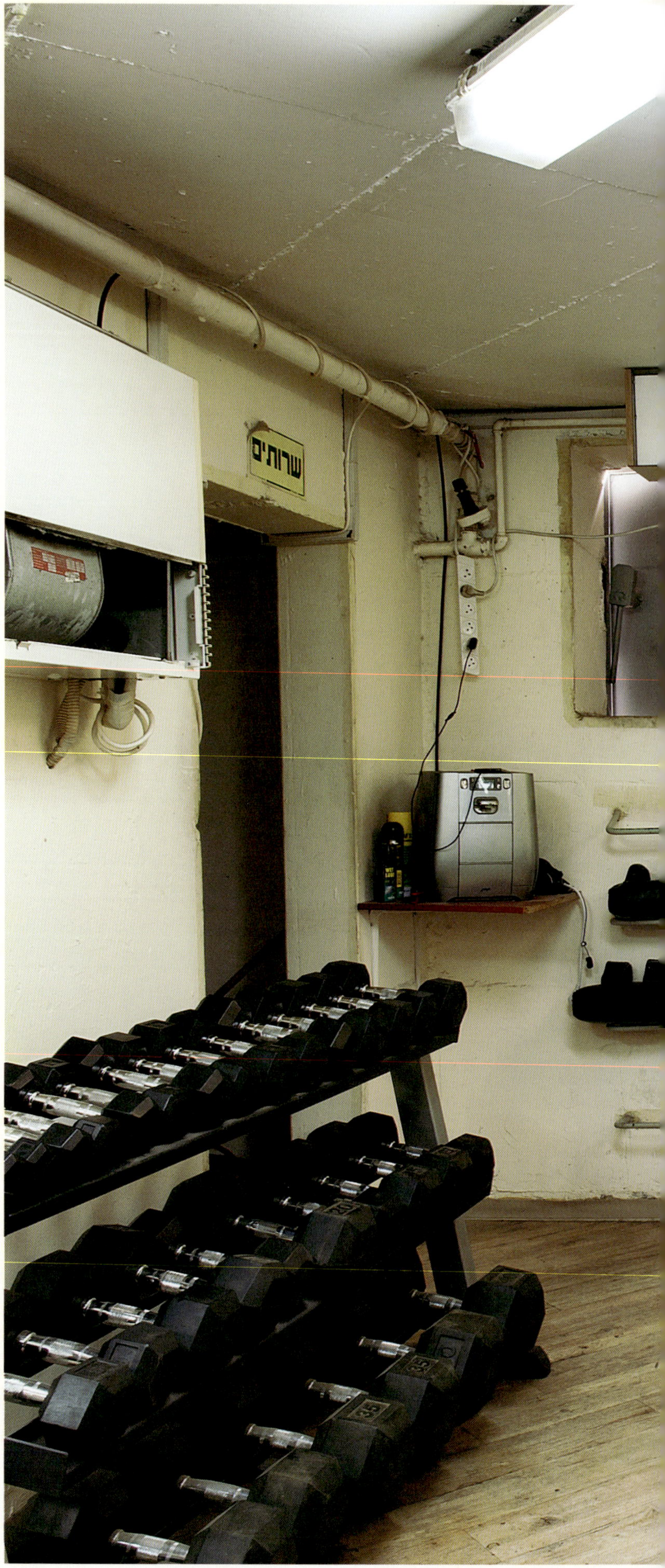

Fitness-Studio
Einkaufszentrum
Modi’in

חדר כושר
מרכז קניות
מודיעין

Fitness gym
Shopping center
Modi’in

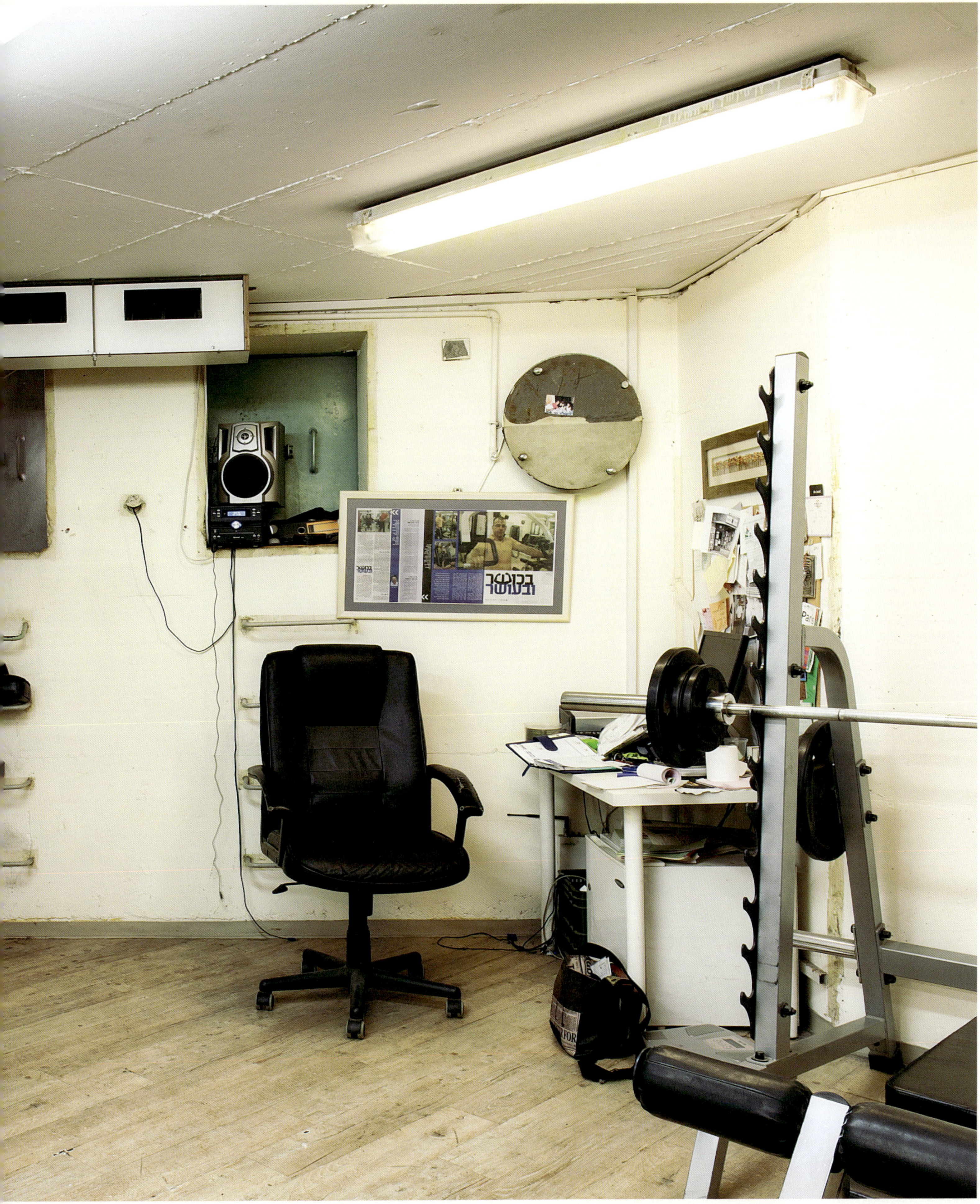
בכושר
ובעושר

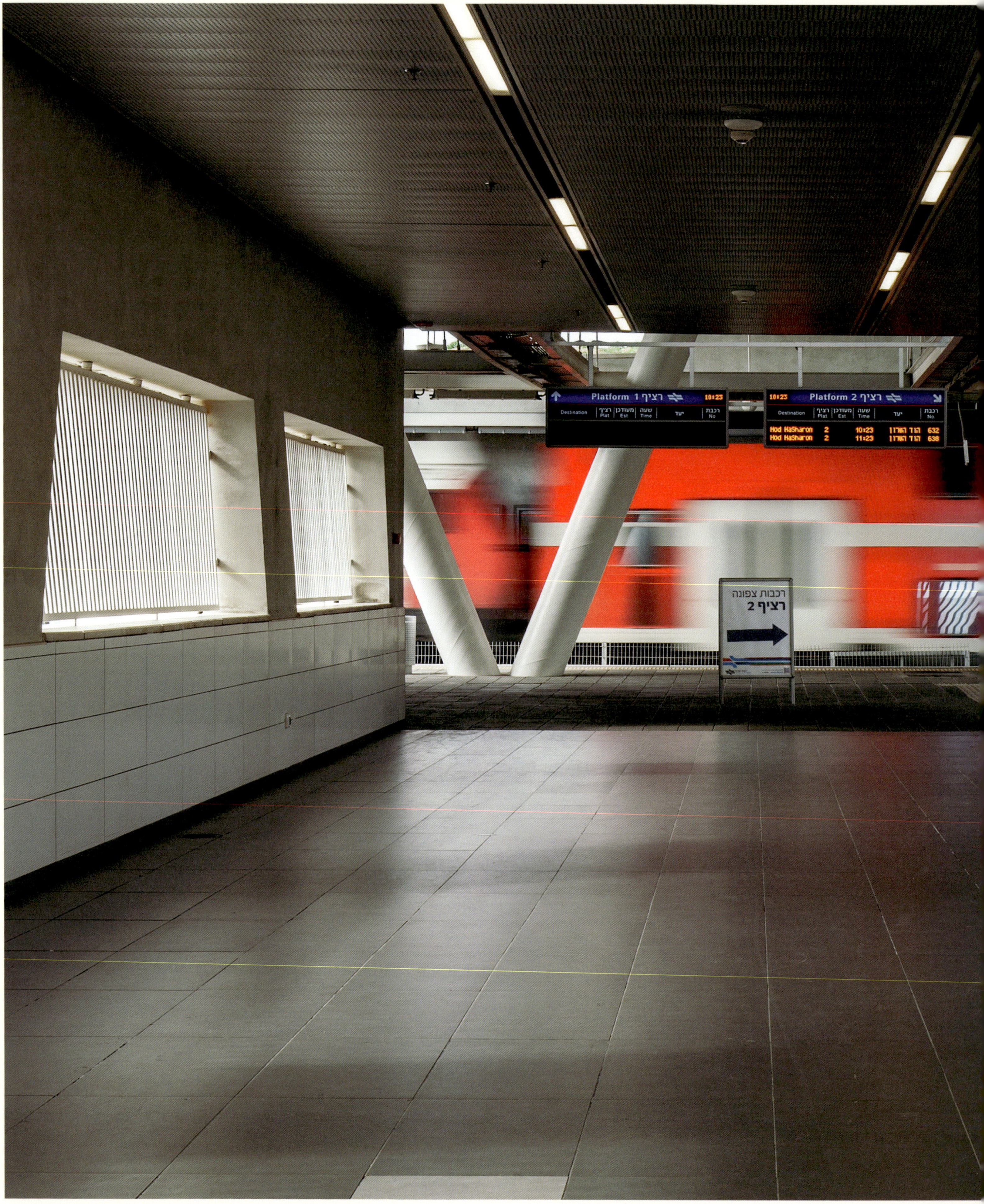
Platform 1 רציף 1
10:23
Destination | רציף Plat | מעודכן Est | שעה Time | יעד | רכבת No
10:23
Platform 2 רציף 2
Destination | רציף Plat | מעודכן Est | שעה Time | יעד | רכבת No
Hod HaSharon 2 10:23 הוד השרון 632
Hod HaSharon 2 11:23 הוד השרון 638
רכבות צפונה
רציף 2

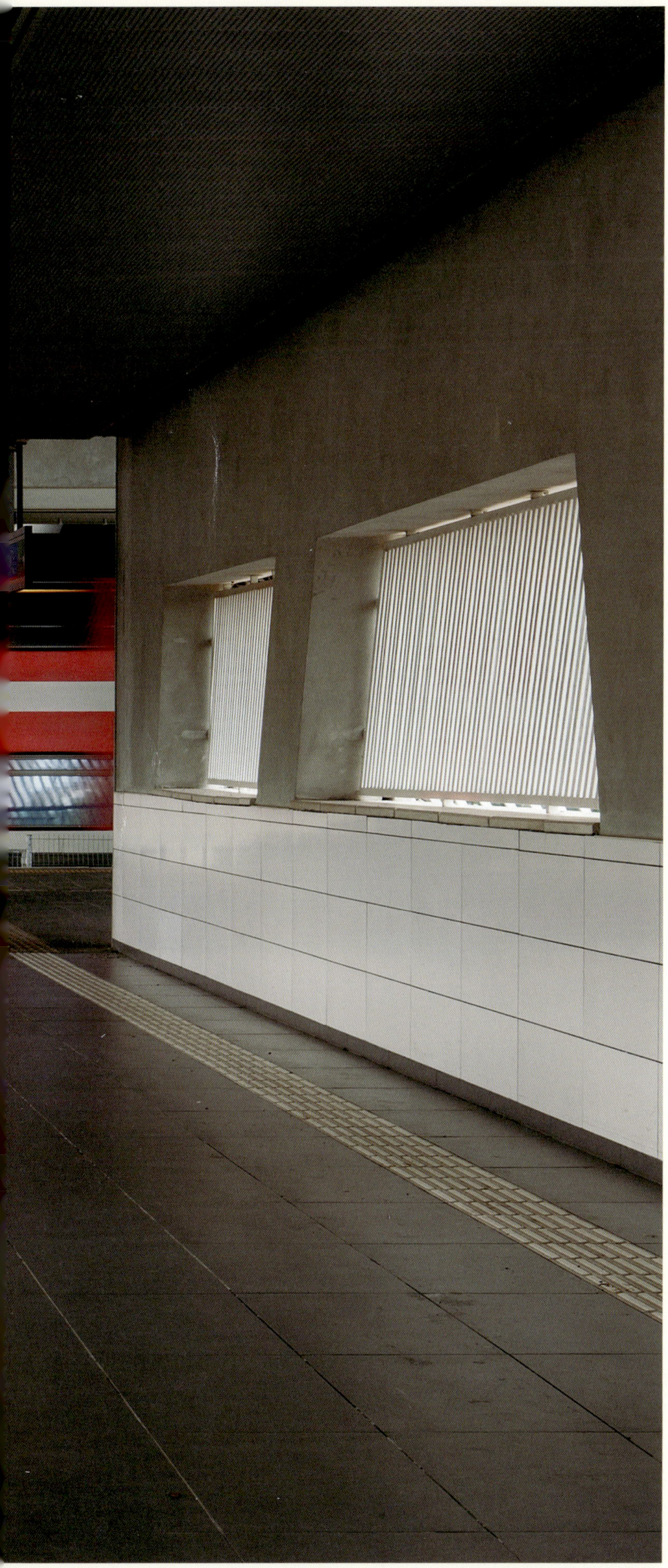

Bahnhof
Die Architektur des Bahnhofes wurde so konzipiert,
dass sie Raketentreffern standhält
Sderot

תחנת רכבת
ארכיטקטורת הבניין תוכננה כך שהיא תעמוד
בפני פגזי טילים
שדרות

Train station
Entire station is designed to
withstand incoming rocket fire
Sderot

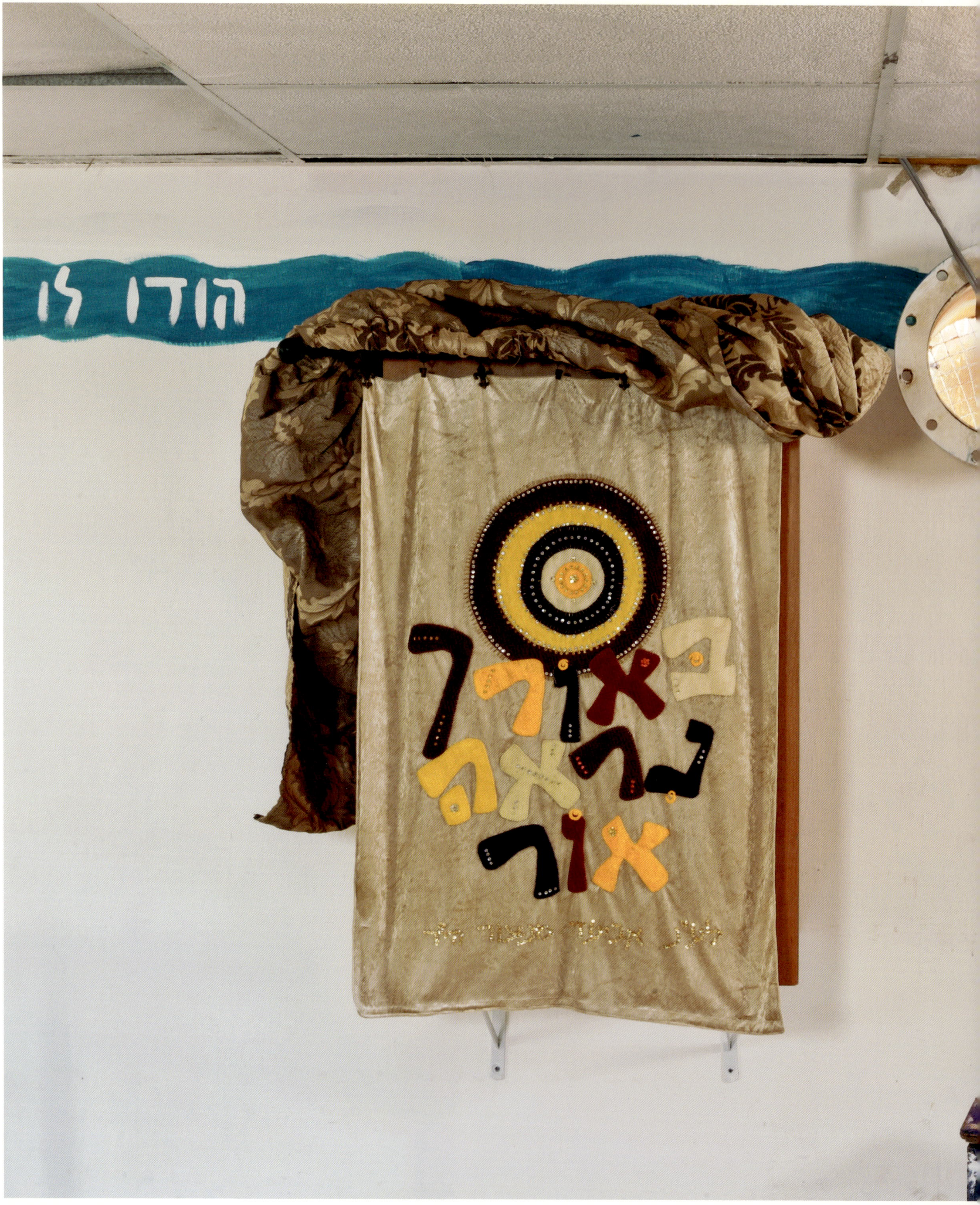
הודו לו
באורך
נראה
אור

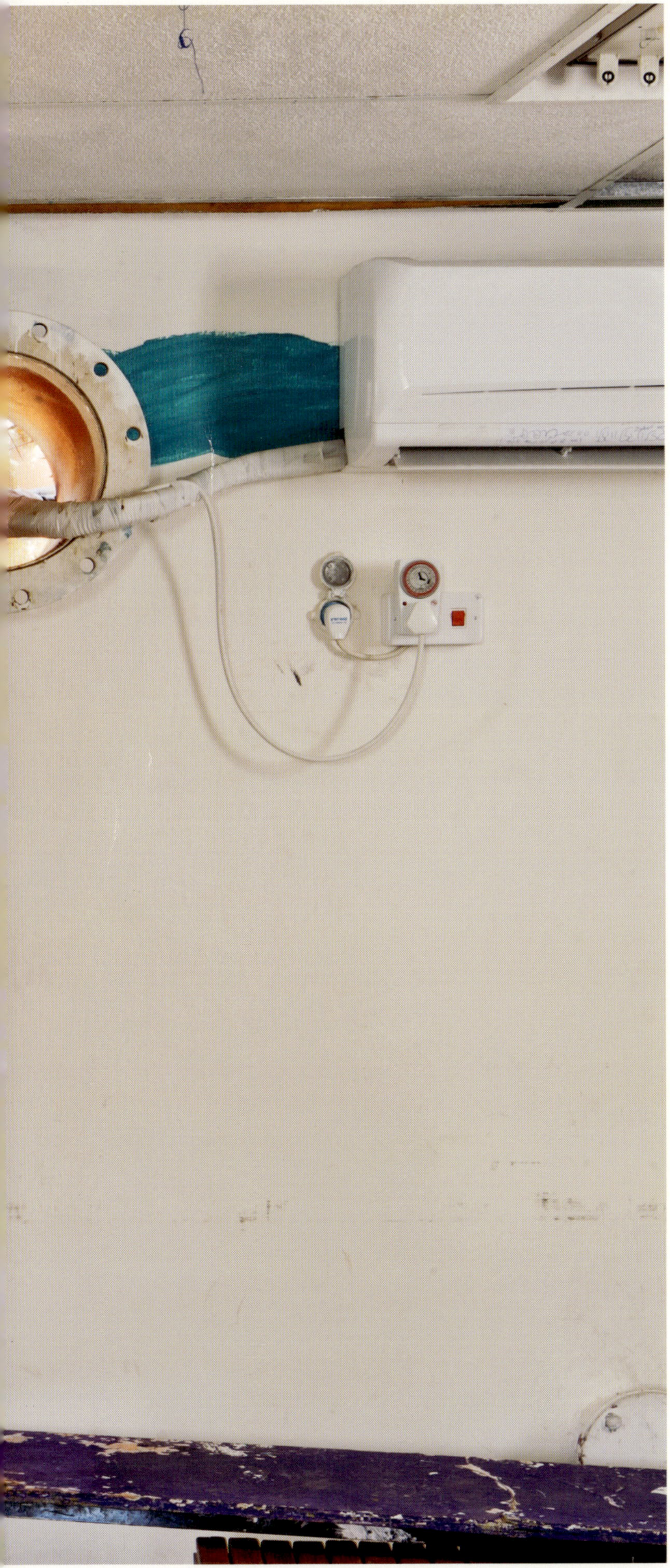

Synagoge des Jugendverbandes Bne Akiwa
Siedlung Otniel
Westjordanland

בית כנסת של תנועת הנוער בני-עקיבא
התנחלות עתניאל
הגדה המערבית

B'nei Akiva Youth Synagogue
Otniel Settlement
West Bank

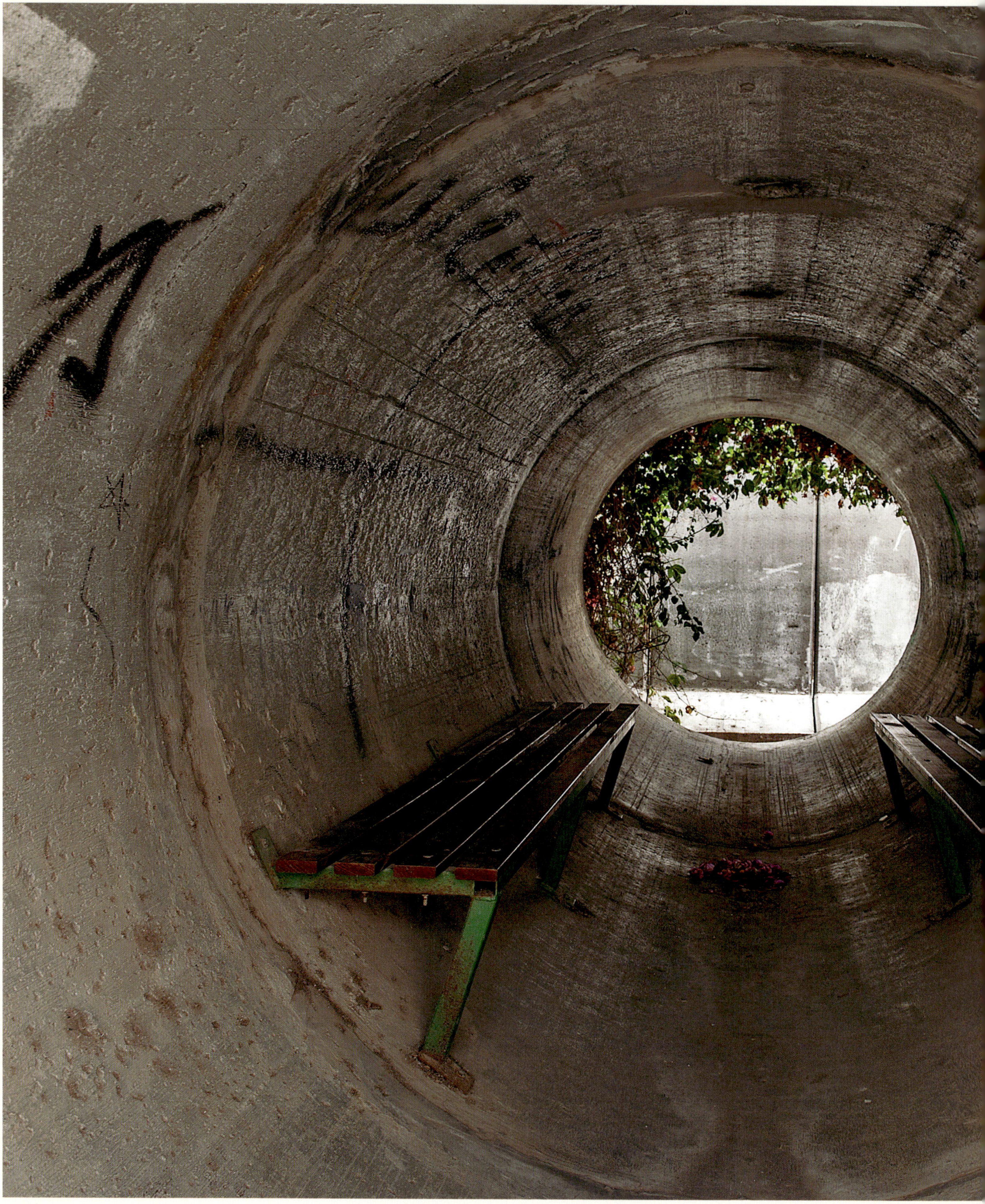

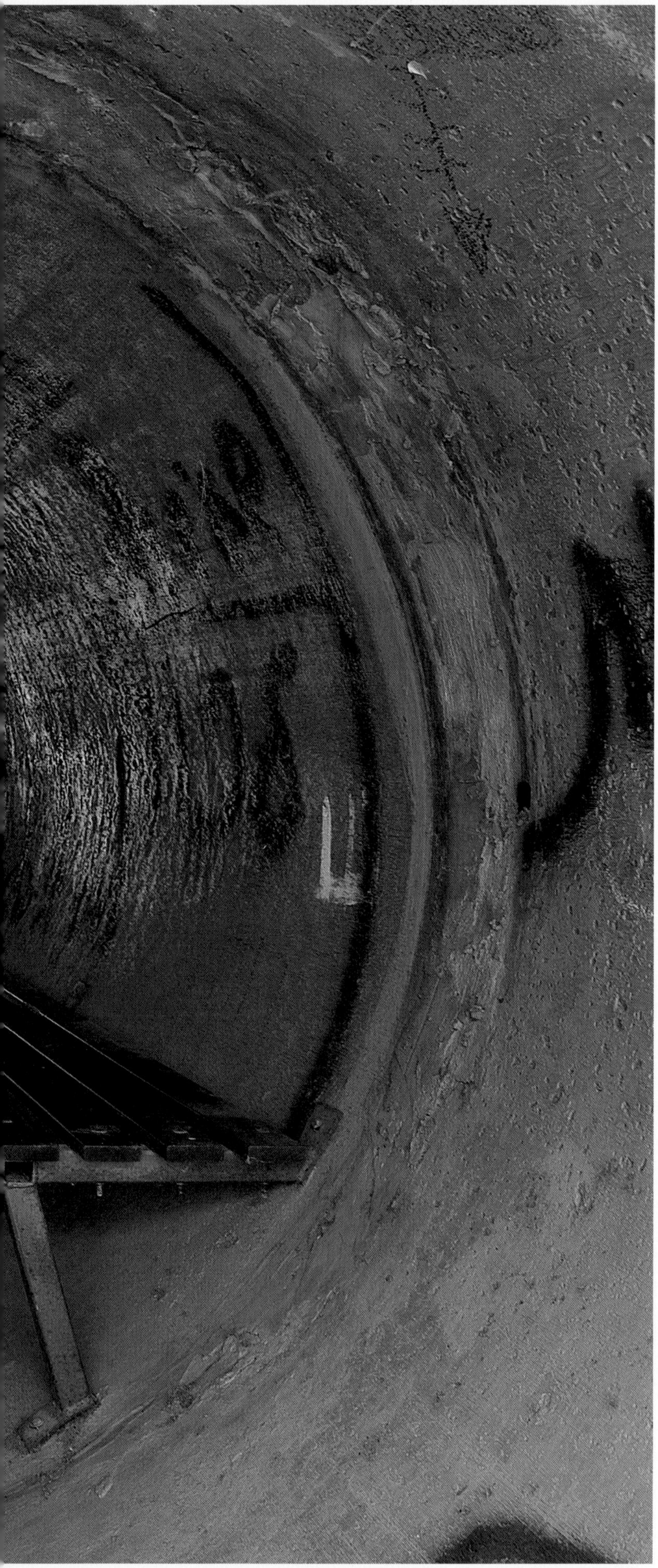

Zu einem Schutzraum umfunktionierte Betonröhre
Wohnwagensiedlung
Nitzan

צינורות בטון מוסבים לחלל מוגן
יישוב קרוואנים
ניצן

Concrete drainage tube repurposed as a bomb shelter
Private trailer homes
Nitzan

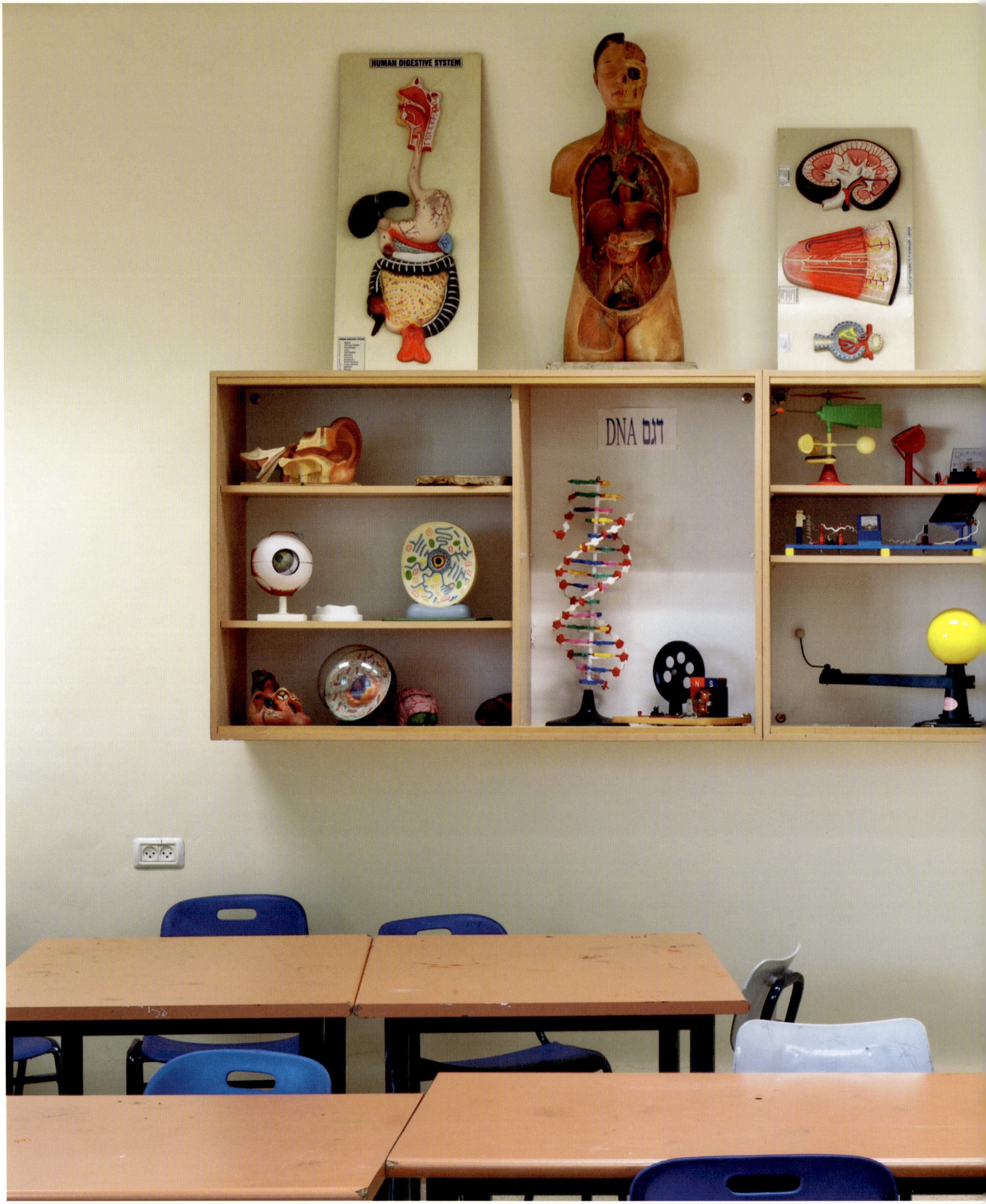
HUMAN DIGESTIVE SYSTEM
DNA דנא

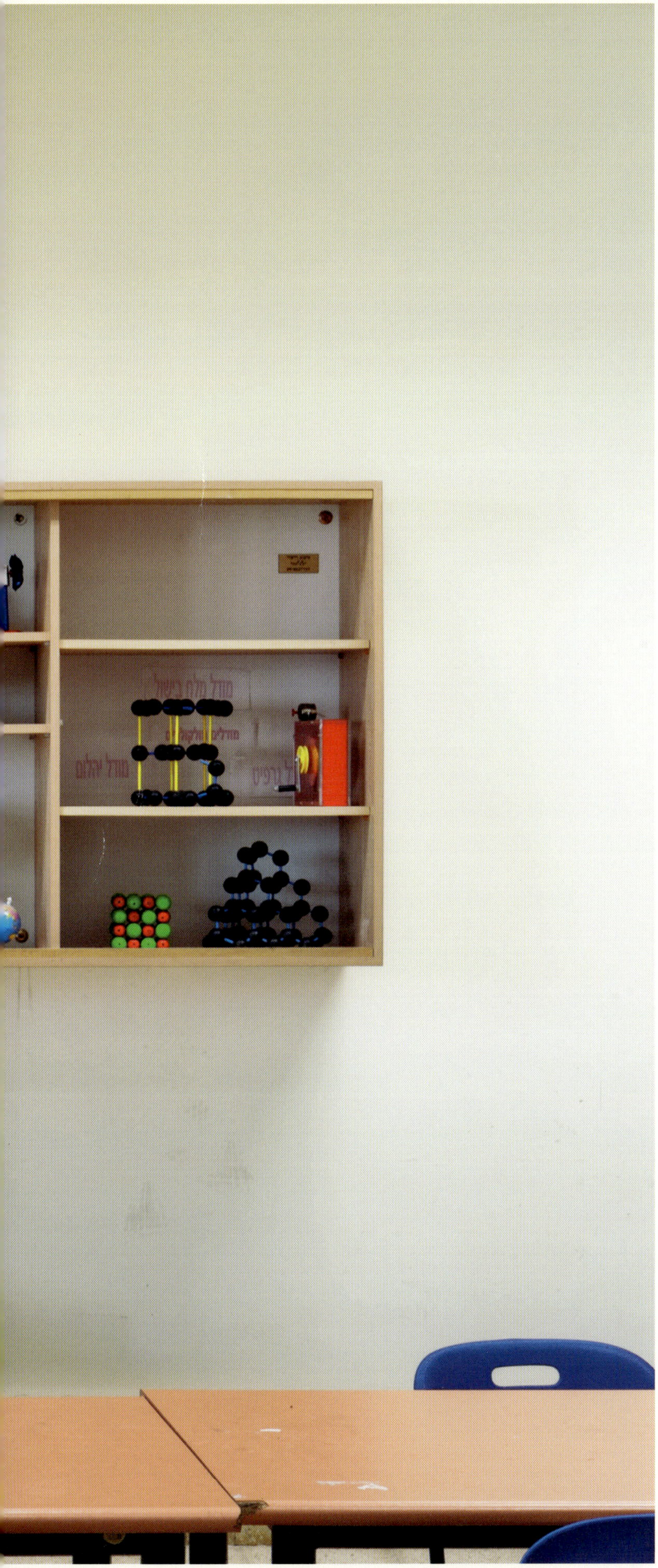

Mittelschule
Die Architektur des Gebäudes wurde so konzipiert, dass sie Raketentreffern standhält
Sderot

בית ספר תיכון
ארכיטקטורת הבניין תוכננה כך שהיא תעמוד בפני פגזי טילים
שדרות

Secondary school
Entire building is designed to withstand incoming rocket fire
Sderot

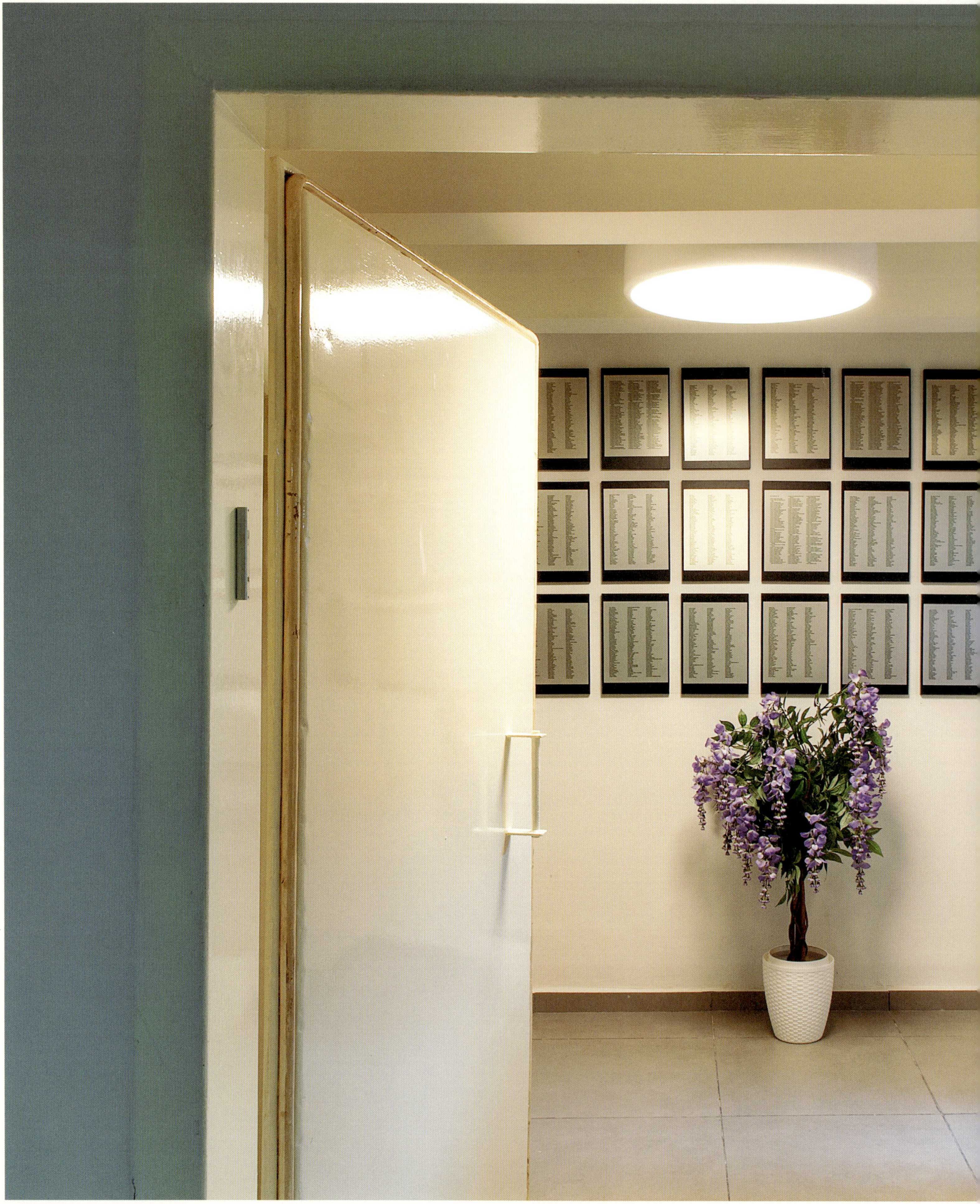

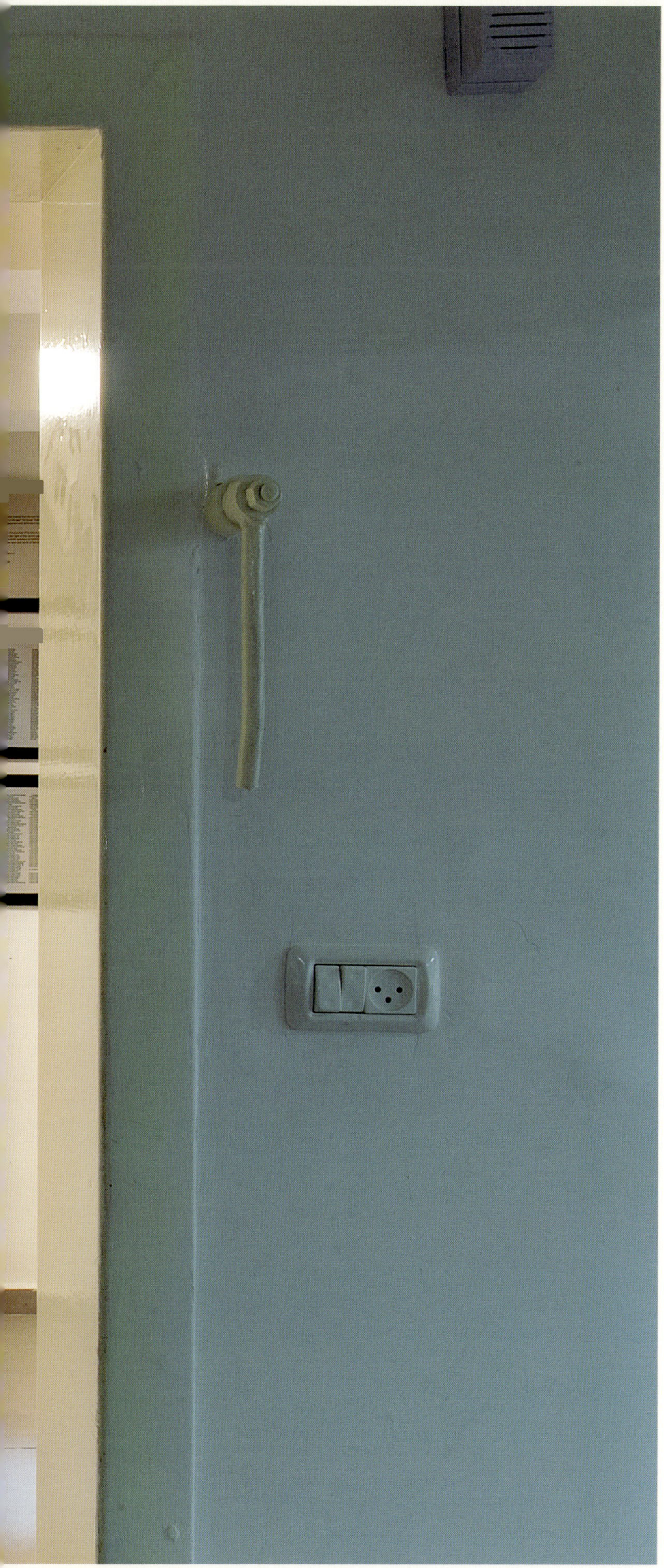

L'Chaim Holocaust Survivors Group Center
Stadtzentrum
Jerusalem

מרכז קבוצת ניצולי השואה "לחיים"
מרכז העיר
ירושלים

L'Chaim Holocaust Survivors Group Center
Downtown
Jerusalem

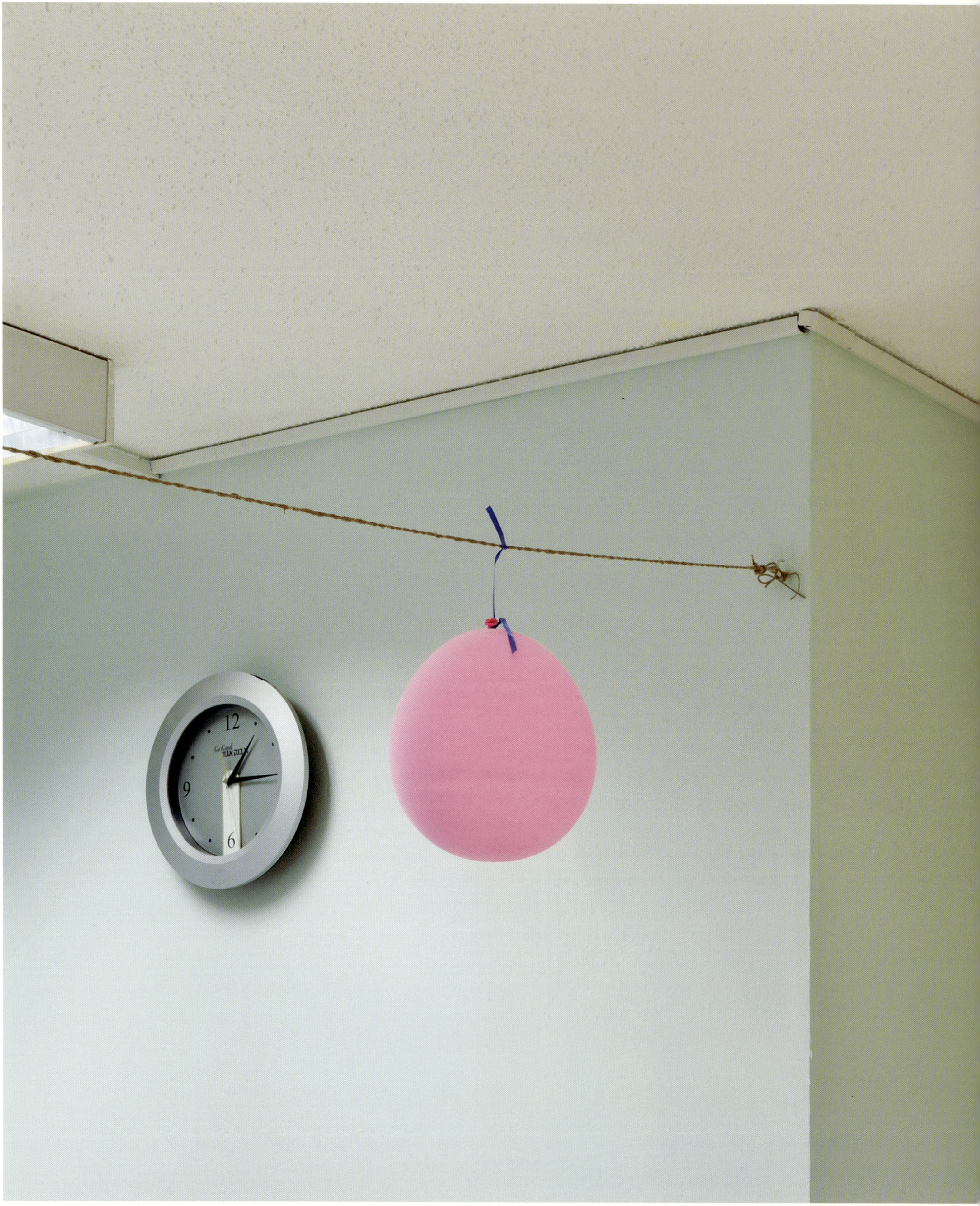

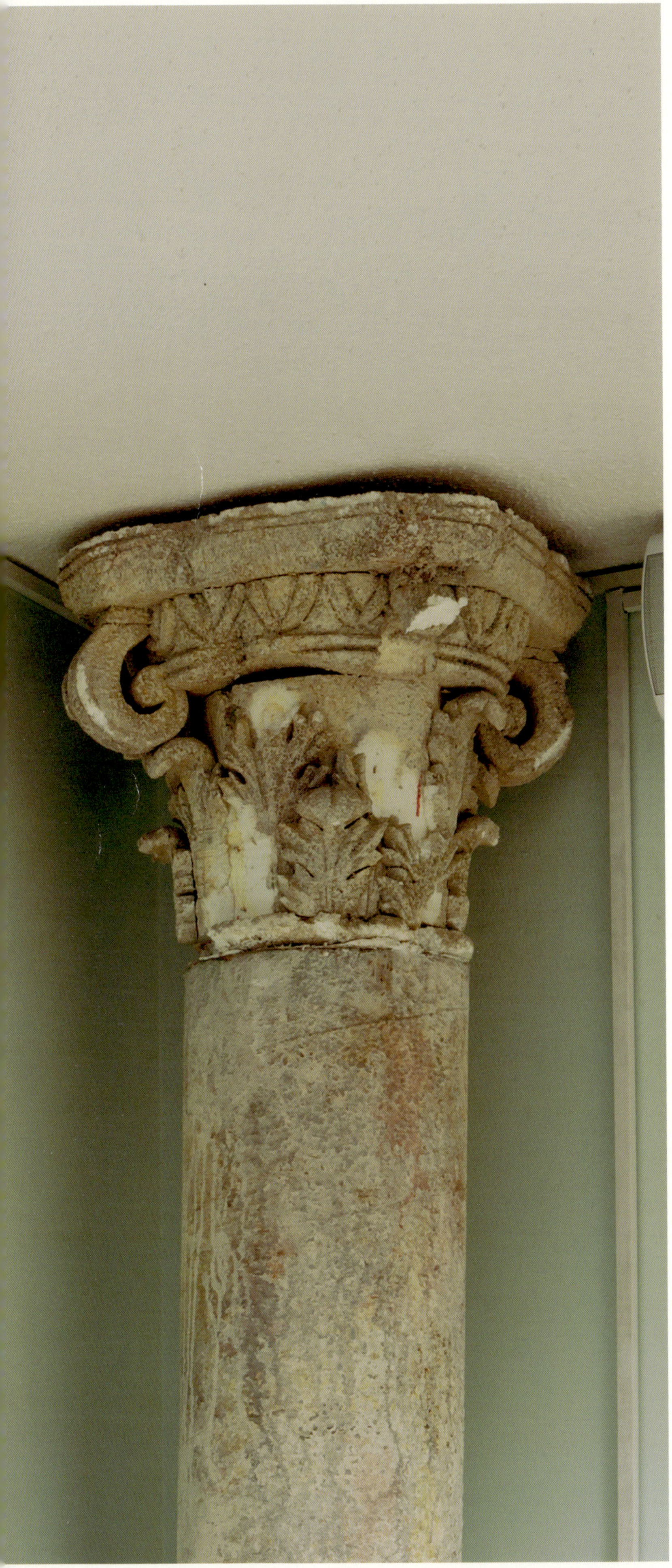

Besprechungszimmer
Bible Lands Museum
Jerusalem

חדר ישיבות
מוזיאון ארצות המקרא
ירושלים

Conference room
Bible Lands Museum
Jerusalem

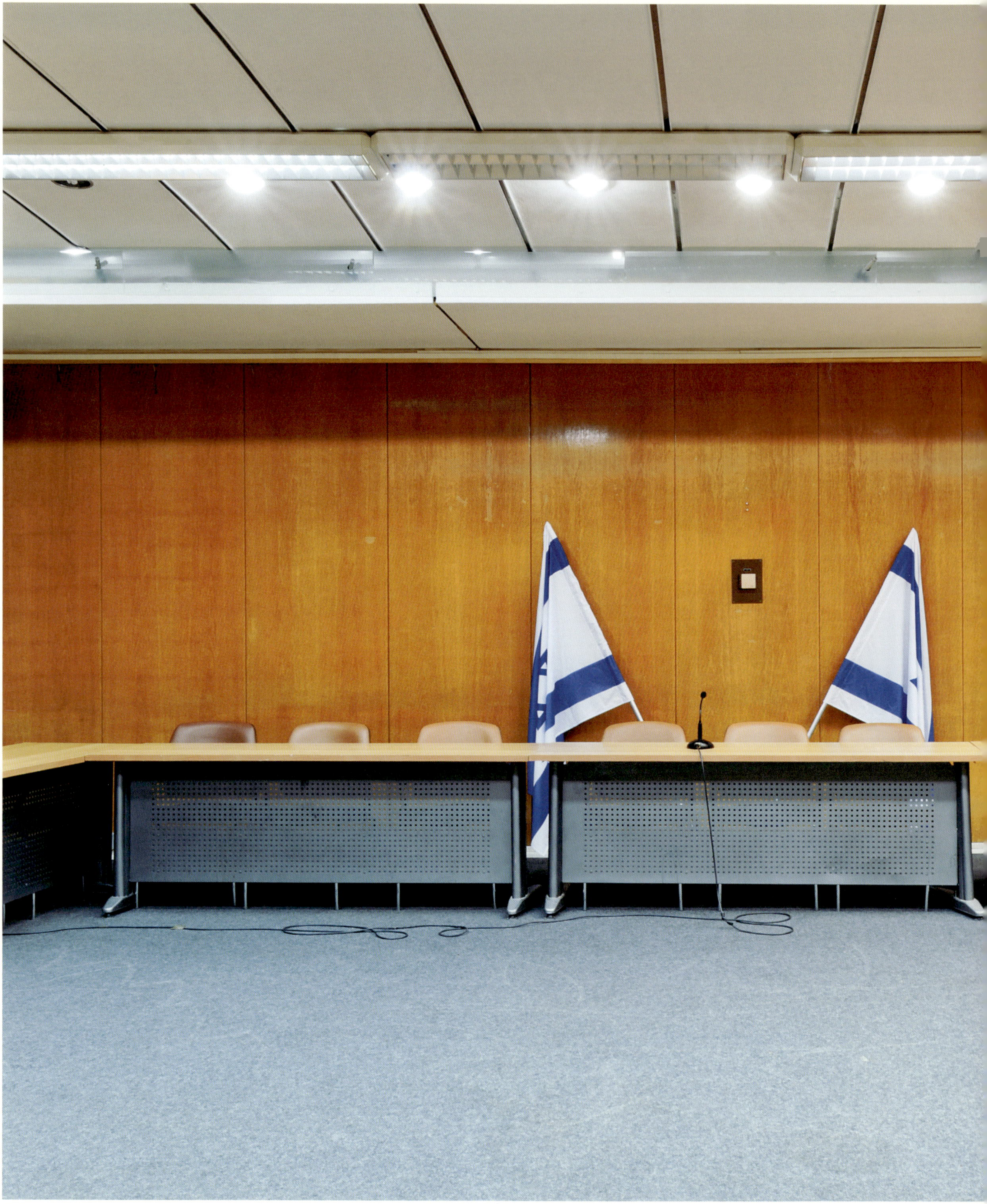

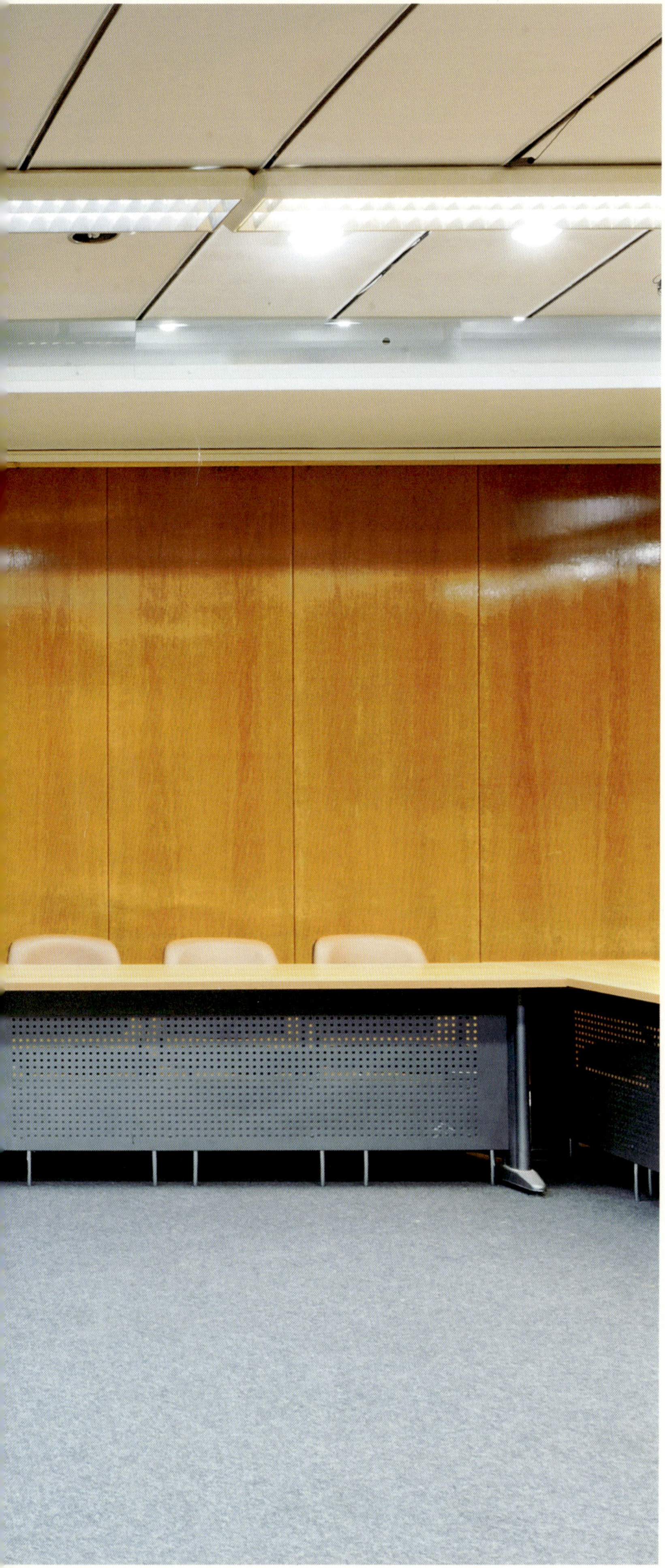

Hochsicherheits-Konferenzraum
Knesset
Jerusalem

חדר ישיבות ממוגן ב"אזור בטוח"
הכנסת
ירושלים

Reinforced 'safe area' conference room
Knesset
Jerusalem

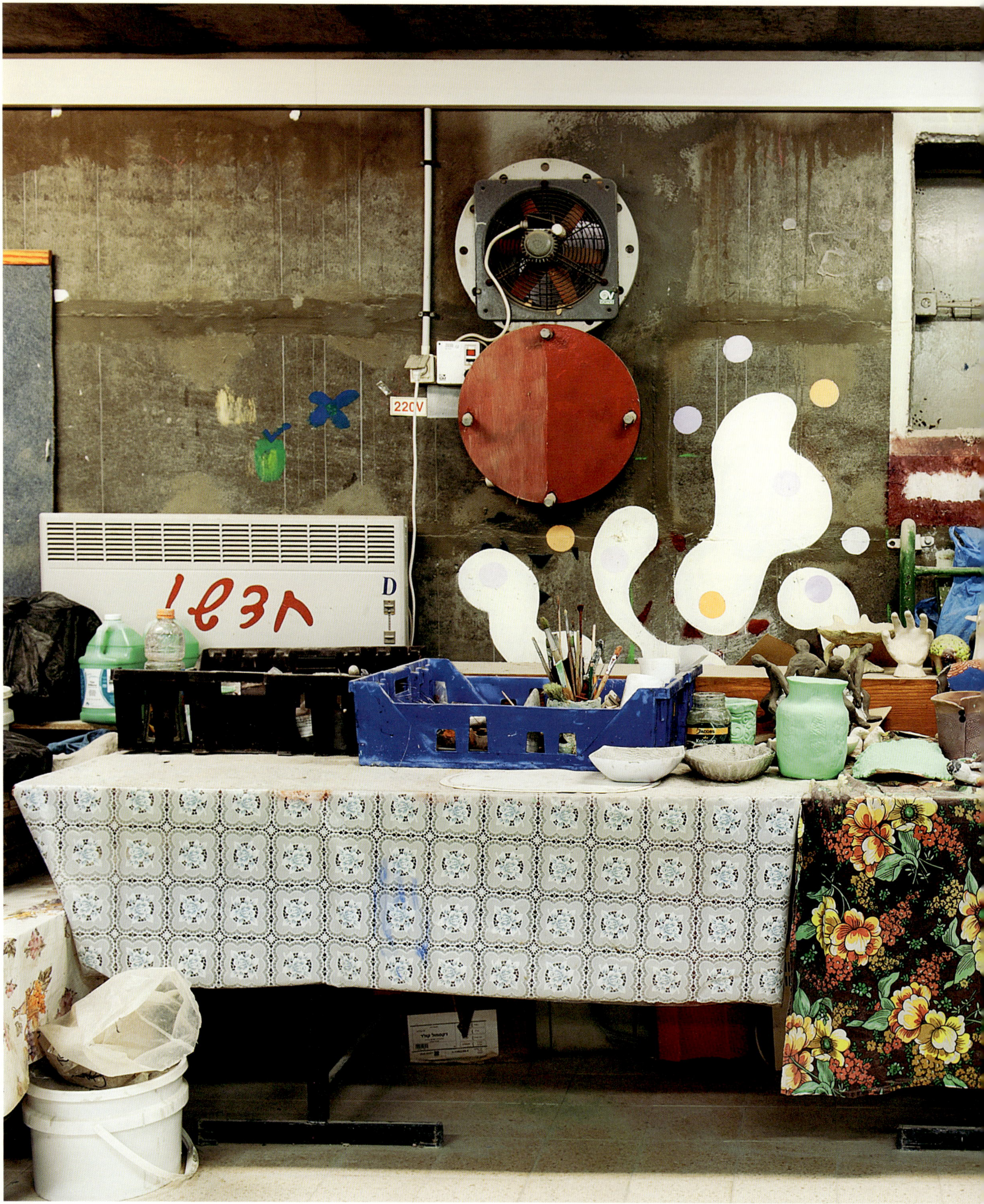
220V

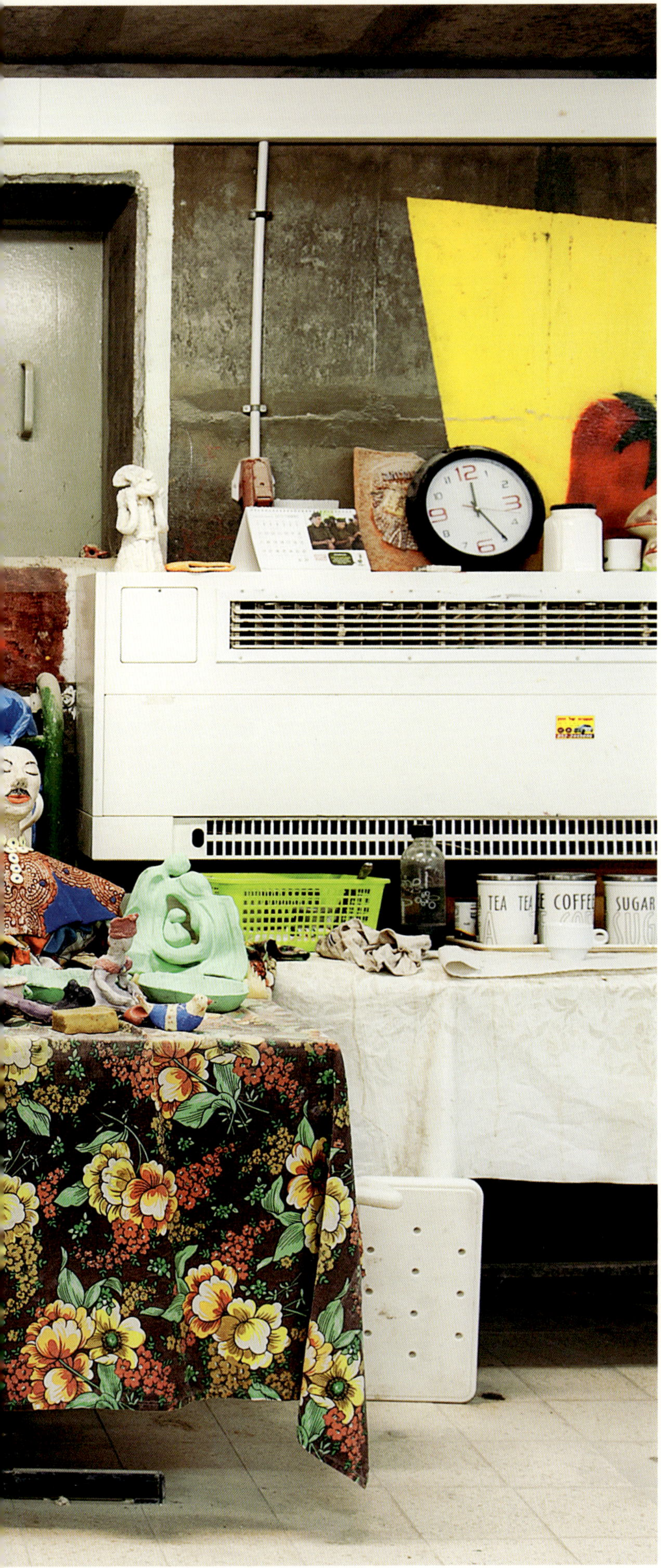

Jugendzentrum
Modi’in

מרכז נוער
מודיעין

Youth art center
Modi’in

Rathaus
Stadtzentrum
Haifa

עירייה
מרכז העיר
חיפה

Municipal Headquarters
Downtown
Haifa

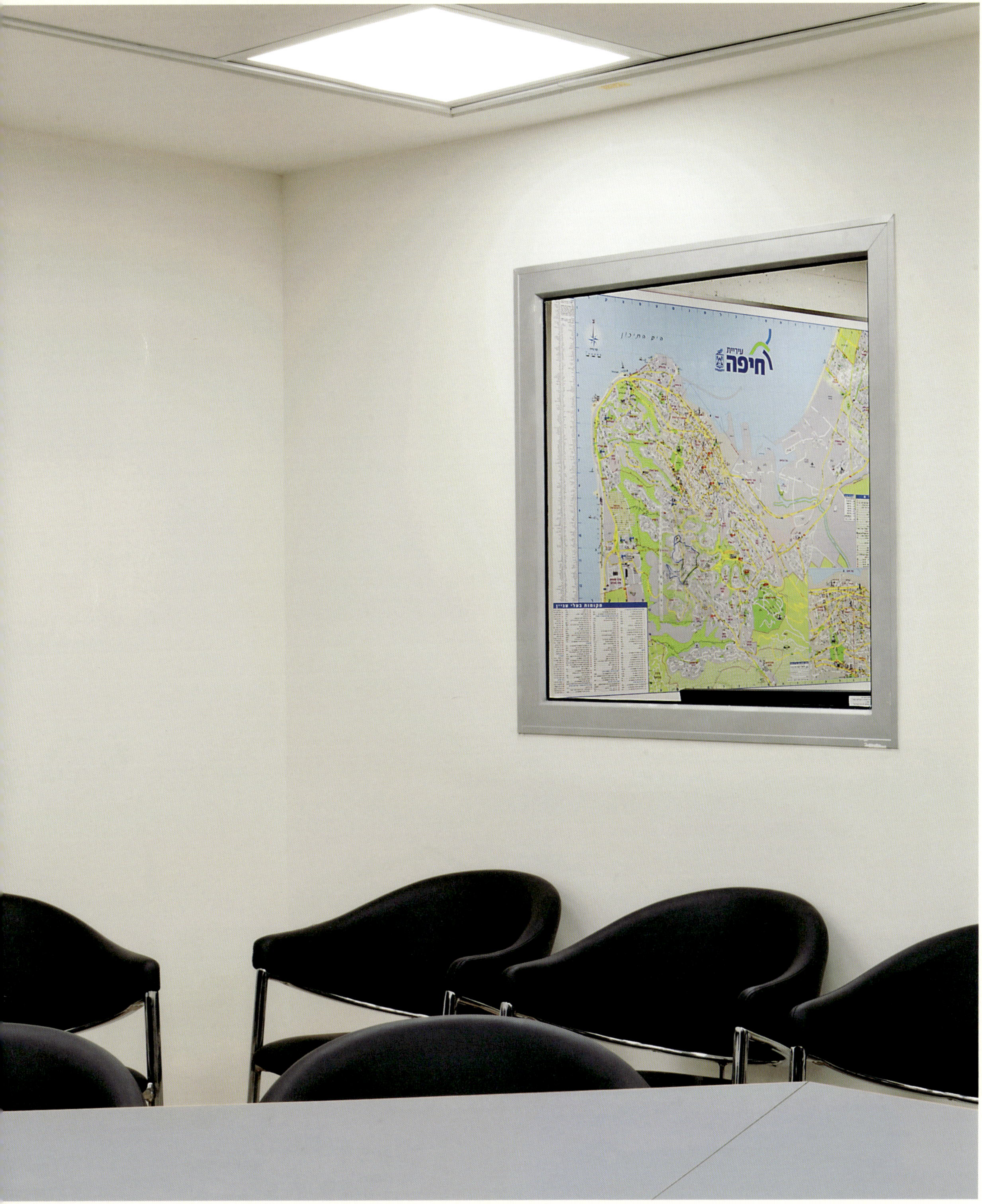
עיריית
חיפה

Moschee
Hebräische Universität
Jerusalem

מסגד
האוניברסיטה העברית
ירושלים

Mosque
Hebrew University
Jerusalem

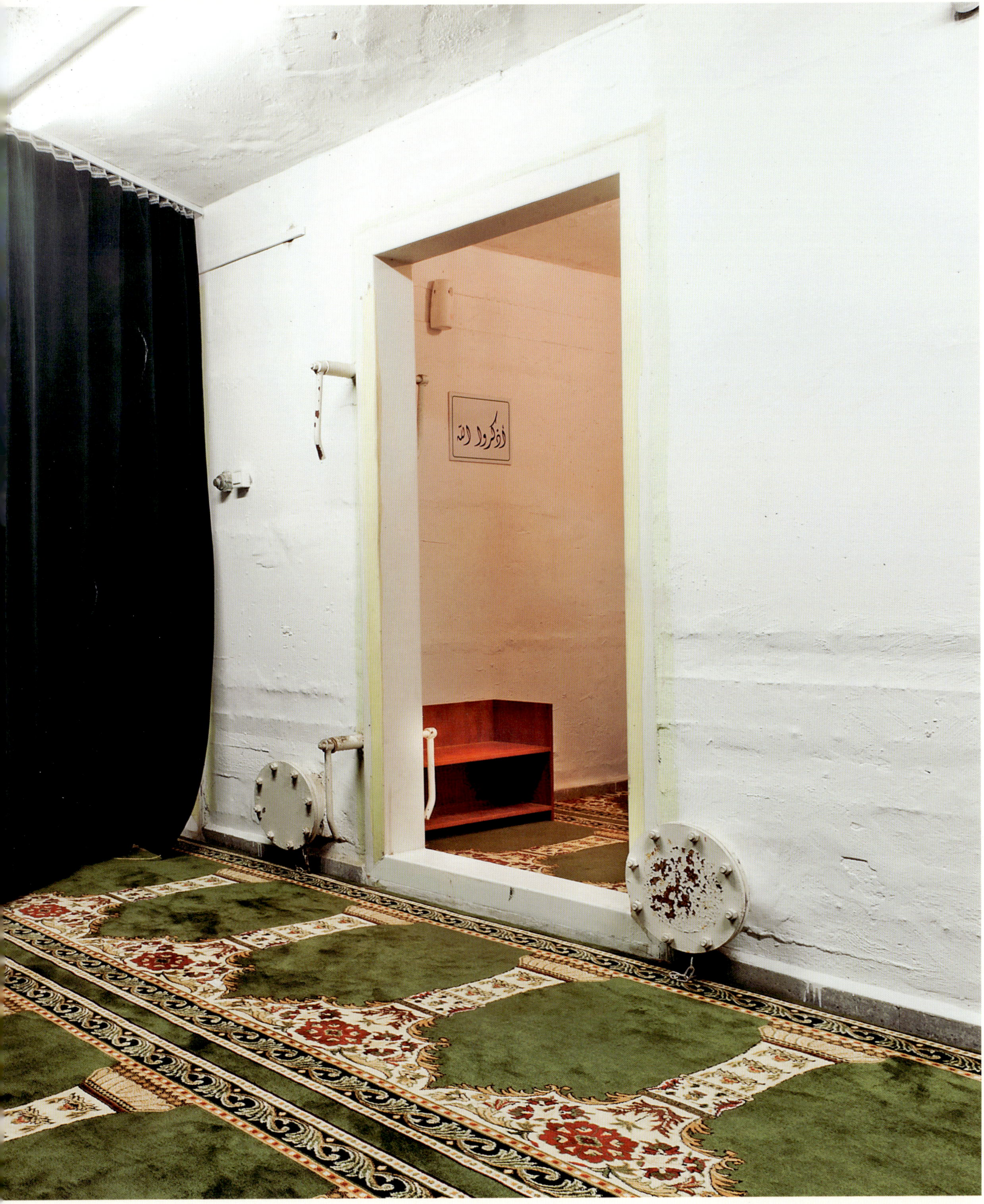
أذكروا الله

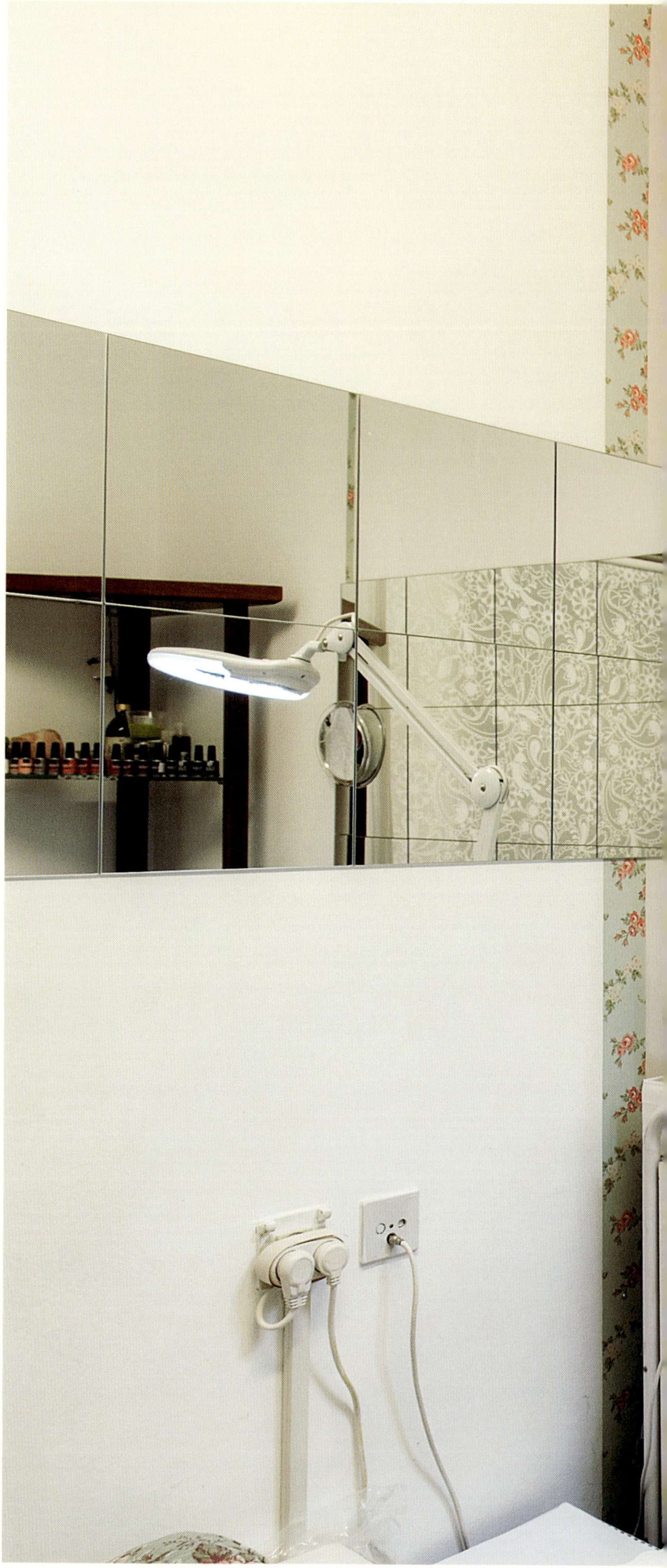

Kosmetikstudio in einem „mamad"
Privathaus
Gedera

מכון לקוסמטיקה הפועל בתוך ממ"ד
בית פרטי
גדרה

Cosmetics studio inside of a 'mamad'
Private residence
Gedera

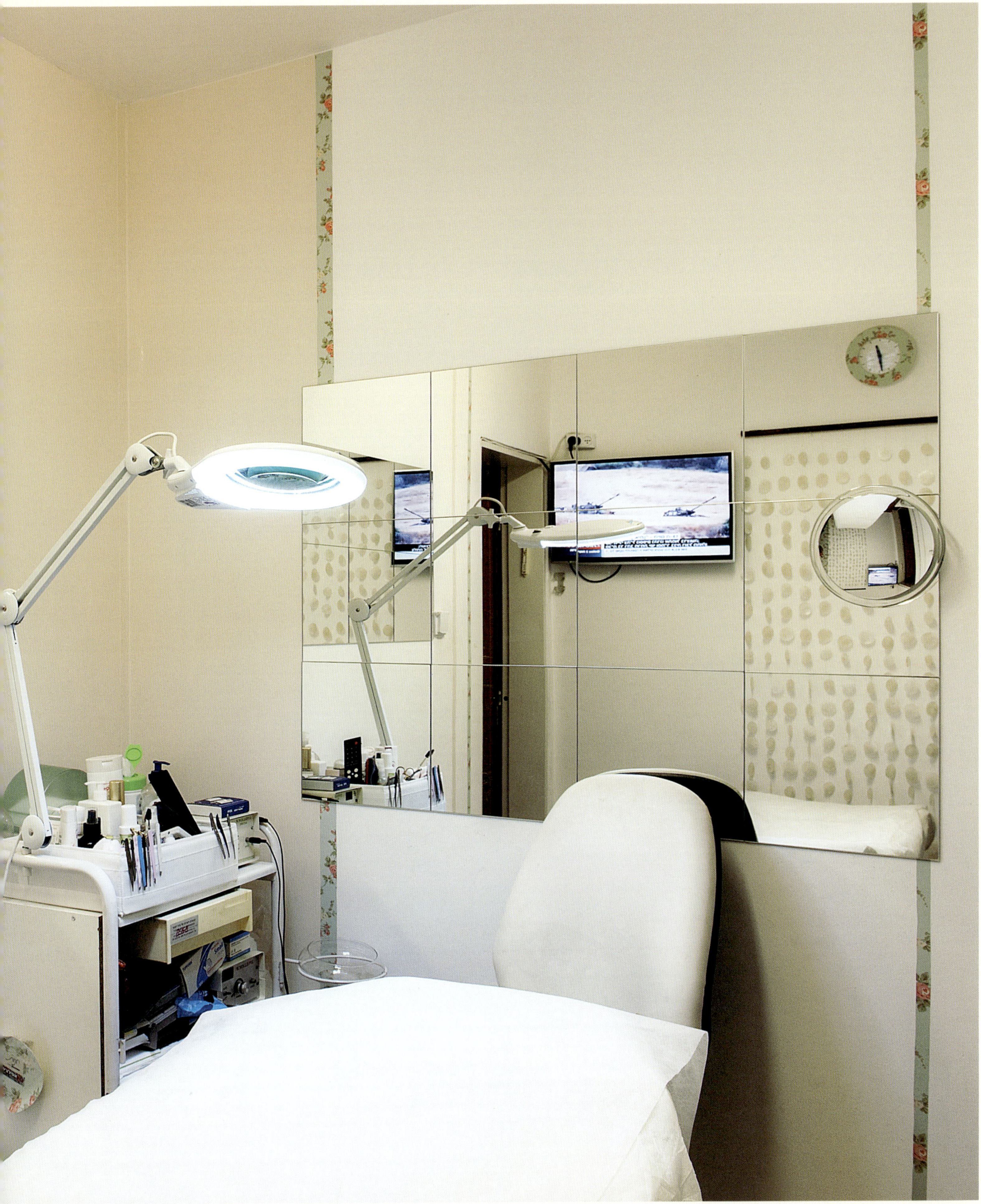

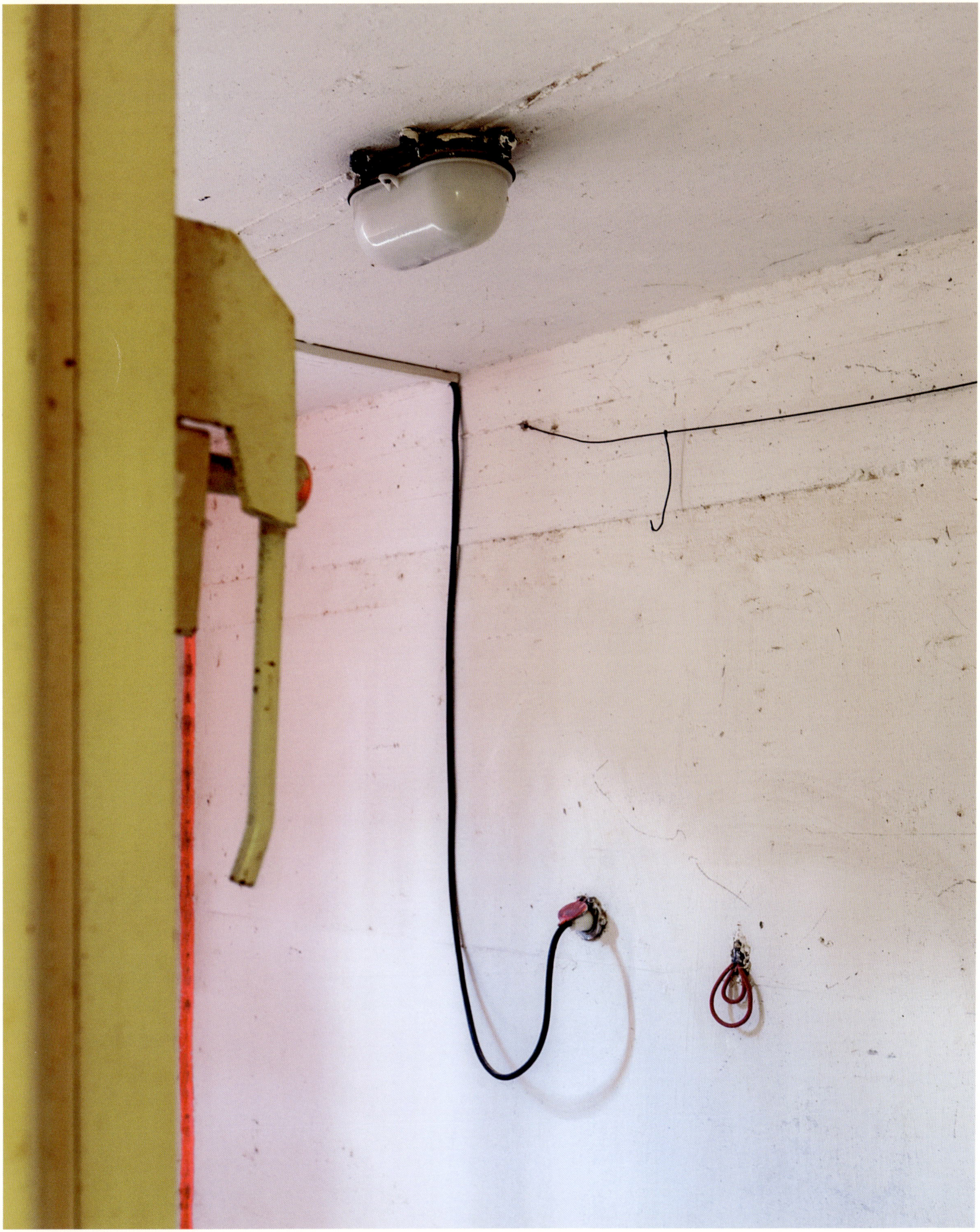

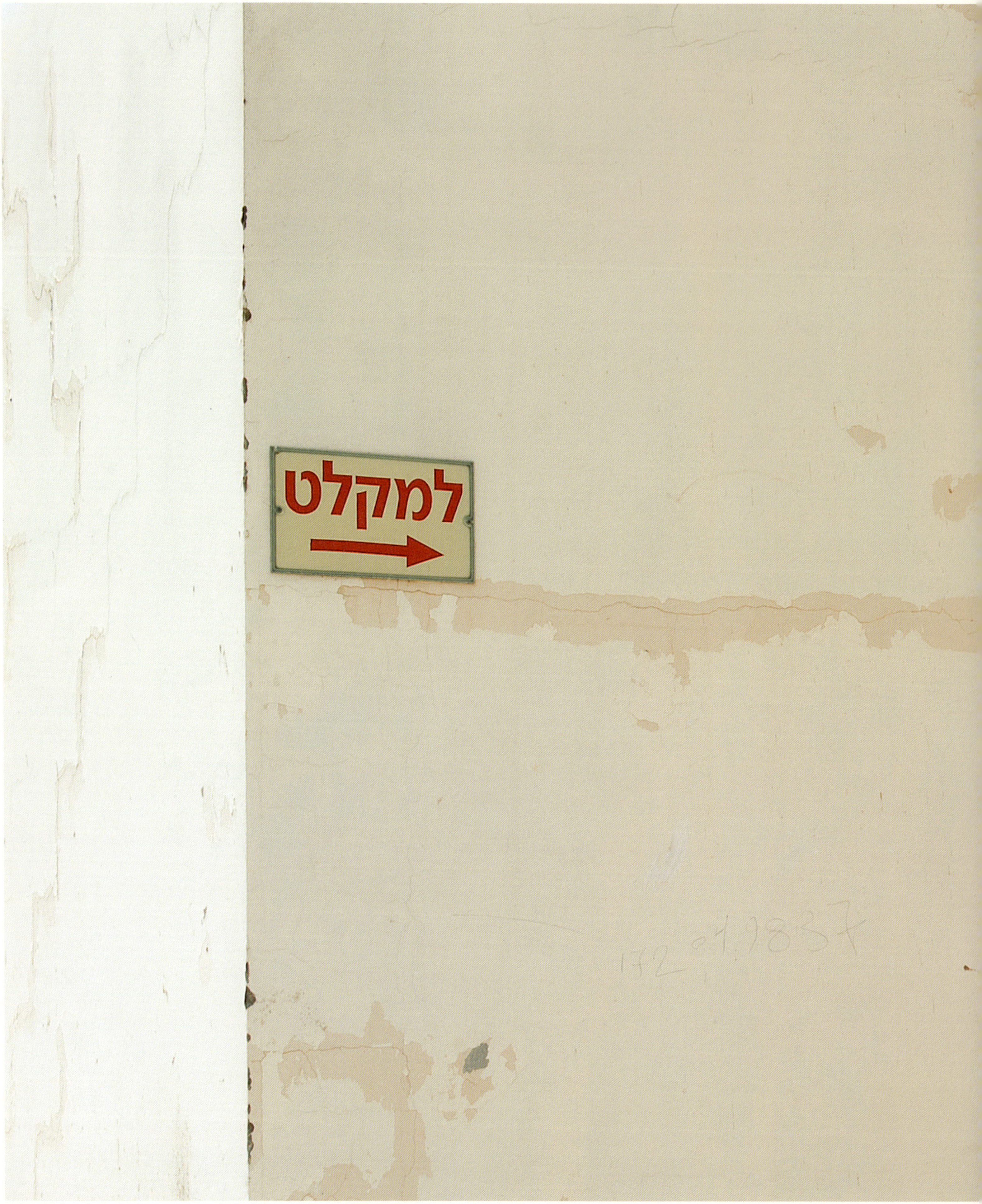
למקלט

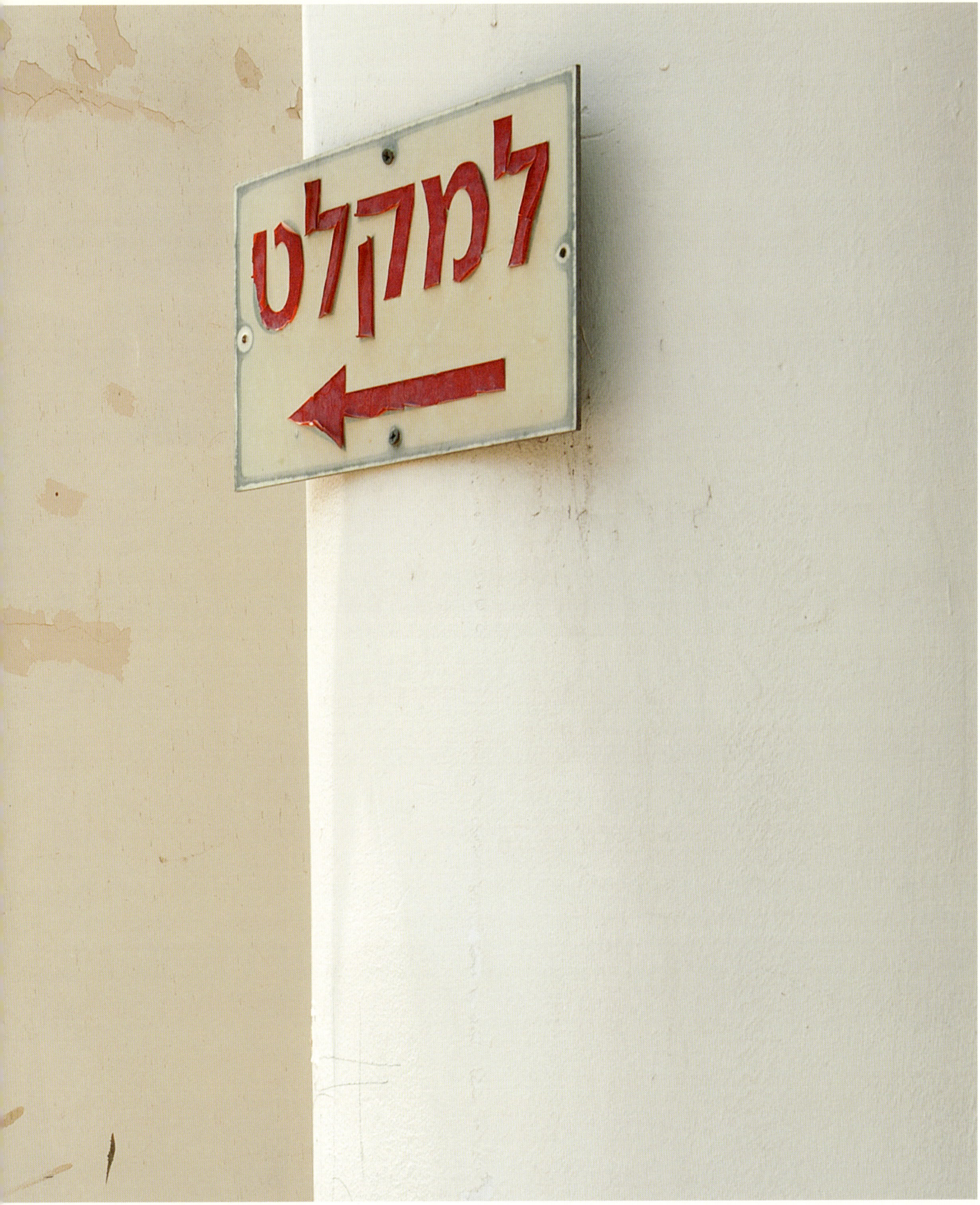
למקלט

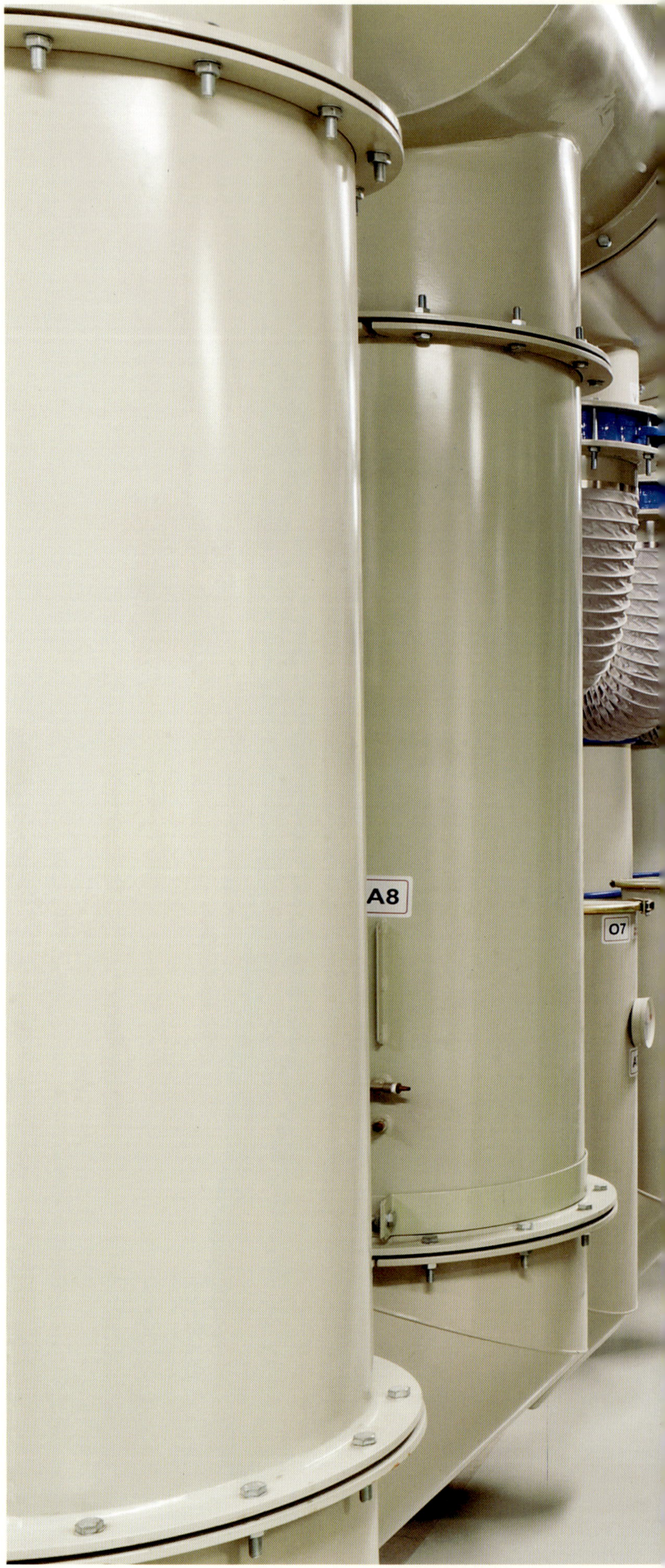

Luftfilteranlage
Unterirdisches Notfallkrankenhaus Sammy Ofer
Tel Aviv

מערכת לסינון אוויר
בית חולים תת-קרקעי למצב חירום ע"ש סמי עופר
תל אביב

Air filtration system
Sammy Ofer Fortified Underground Emergency Hospital
Tel Aviv

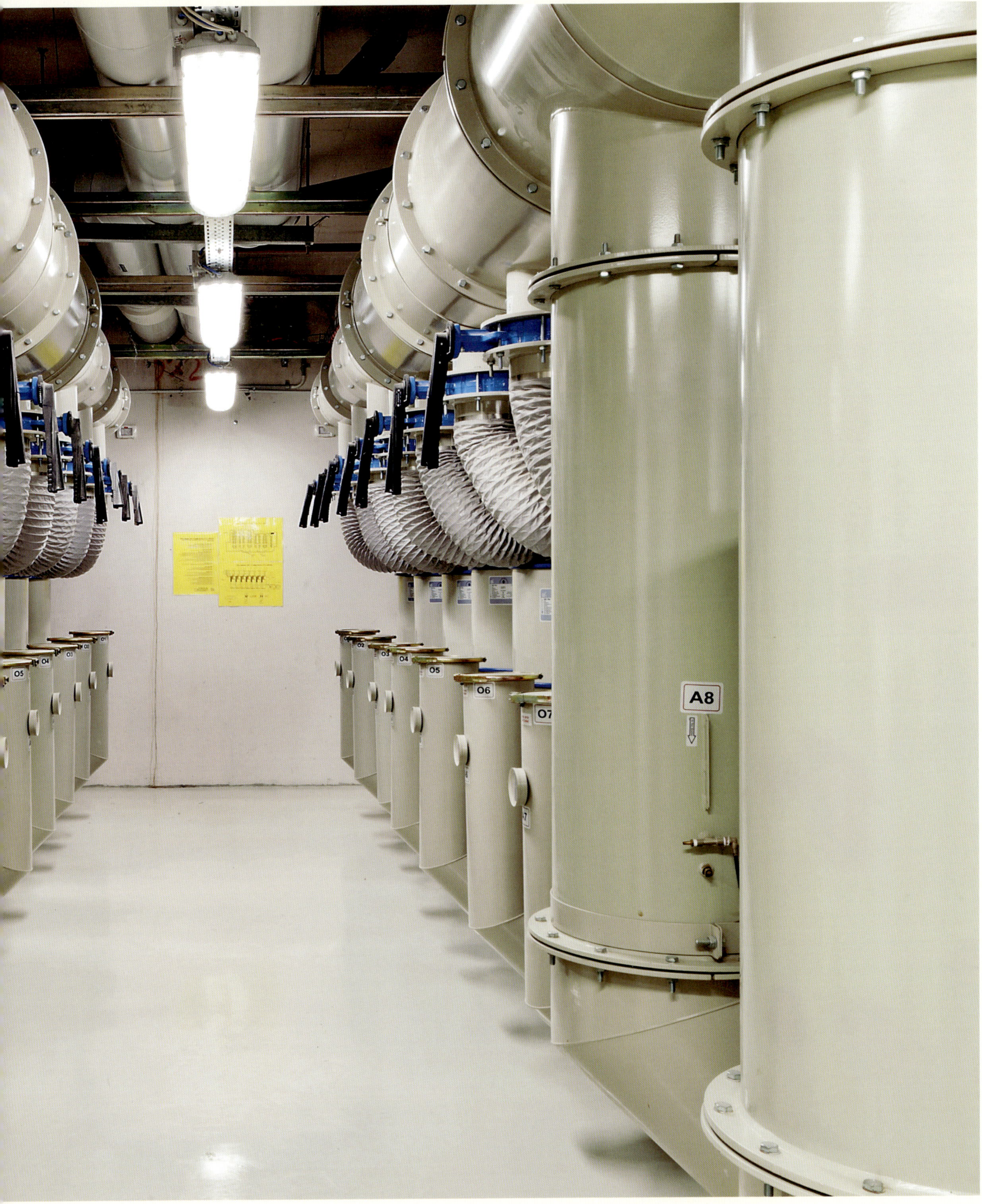
A8
O5
O6
O7
O5
O4

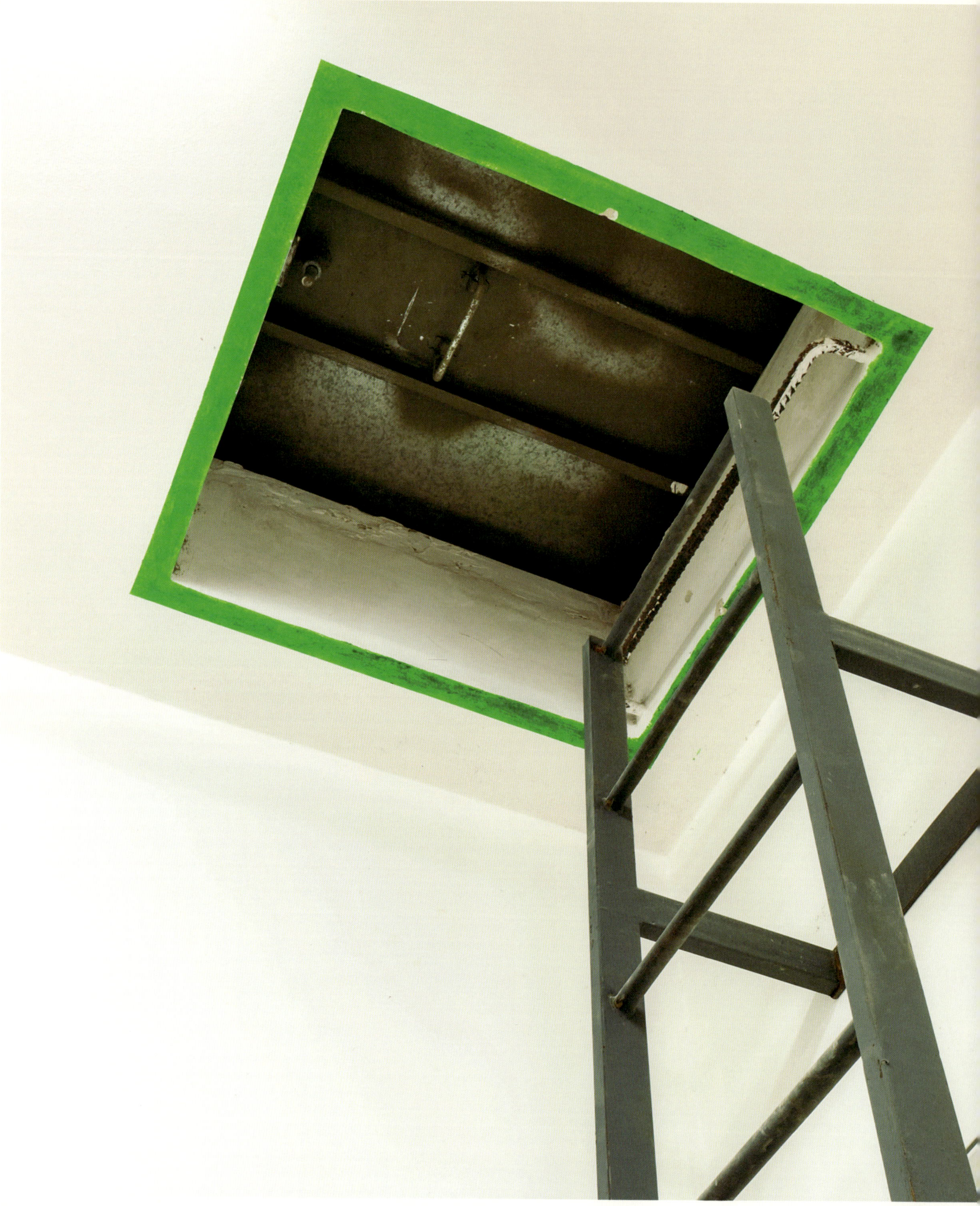

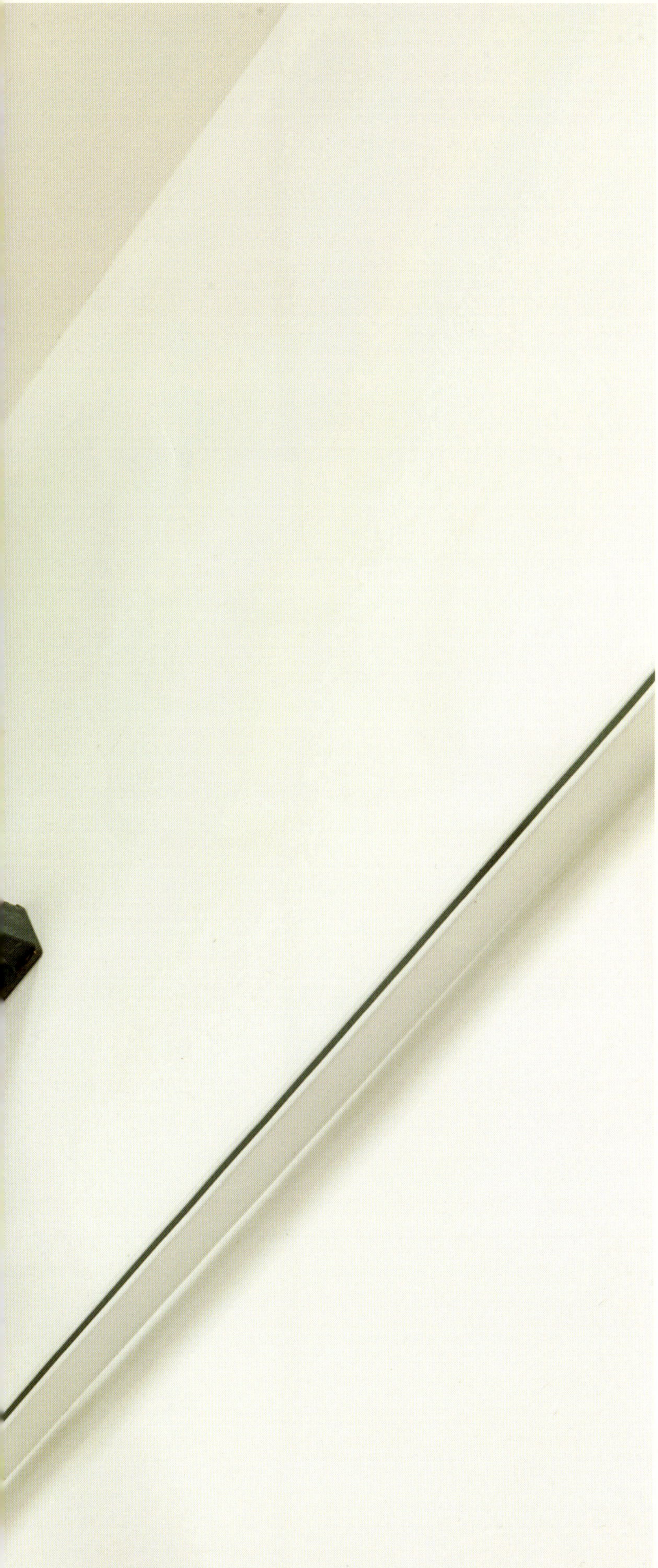

Einkaufszentrum
Siedlung Modi'in Ilit
Westjordanland

מרכז קניות
היישוב מודיעין עילית
הגדה המערבית

Shopping center
Modi'in Ilit settlement
West Bank

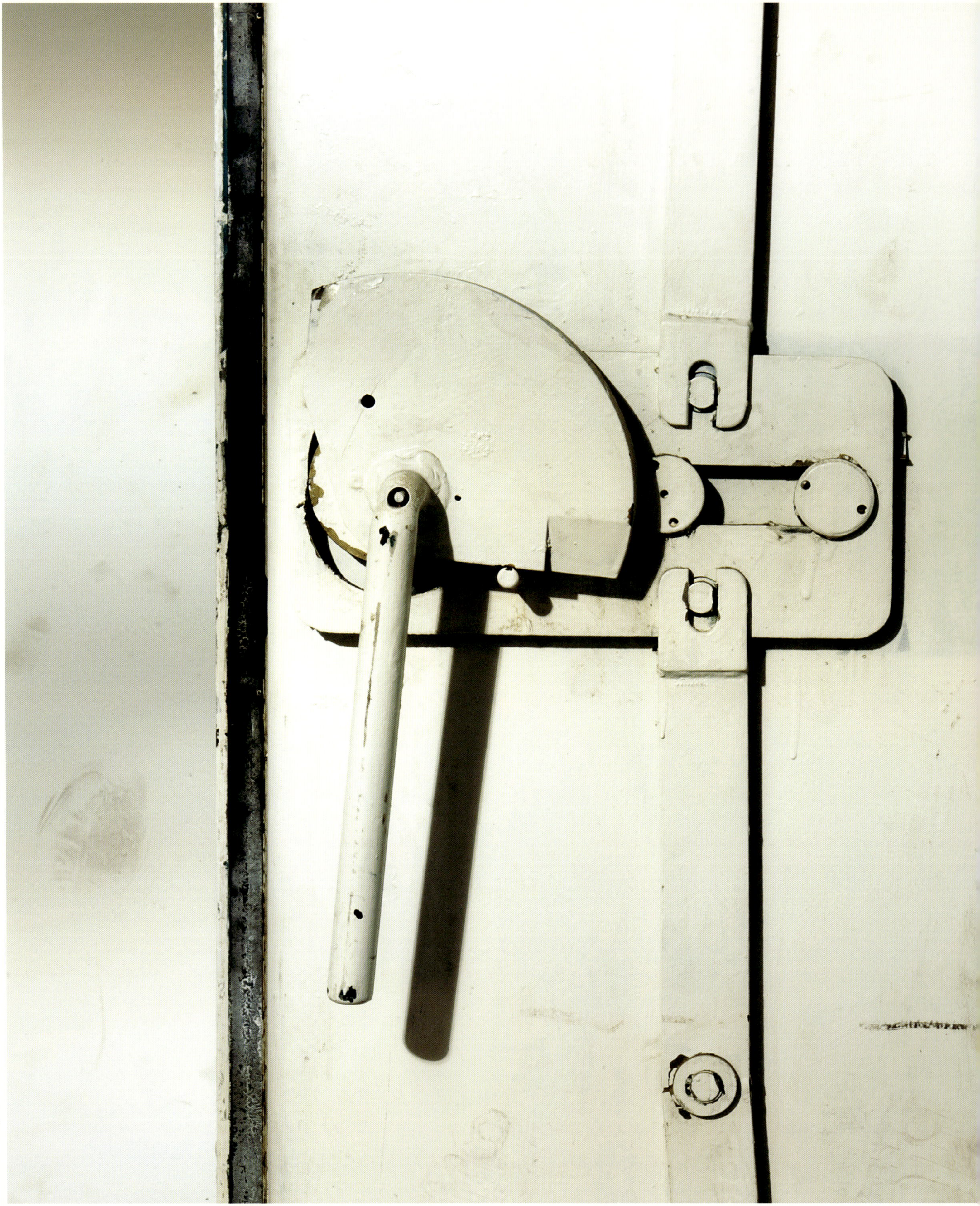

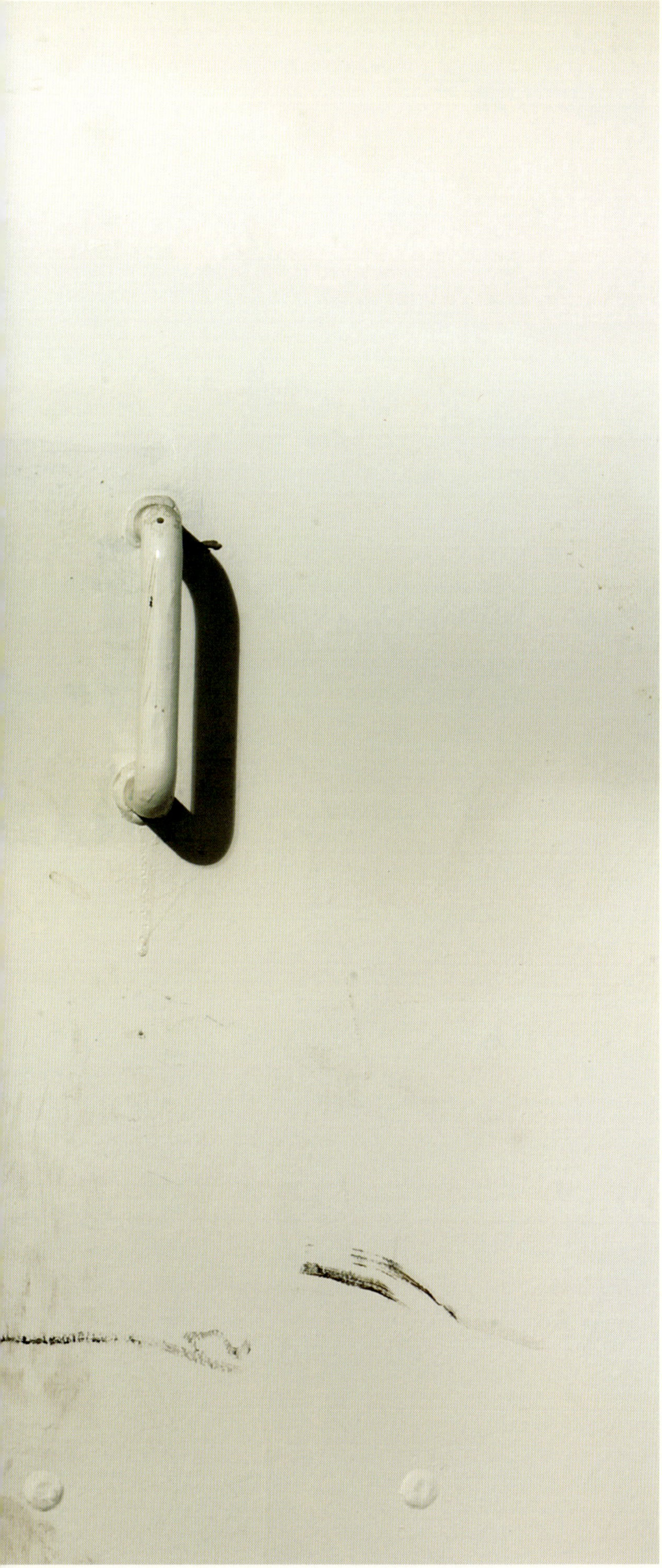

Habima Tiefgarage
Stadtzentrum
Tel Aviv

חניון תת-קרקעי של תיאטרון "הבימה"
מרכז העיר
תל אביב

Habima underground parking garage
Downtown
Tel Aviv

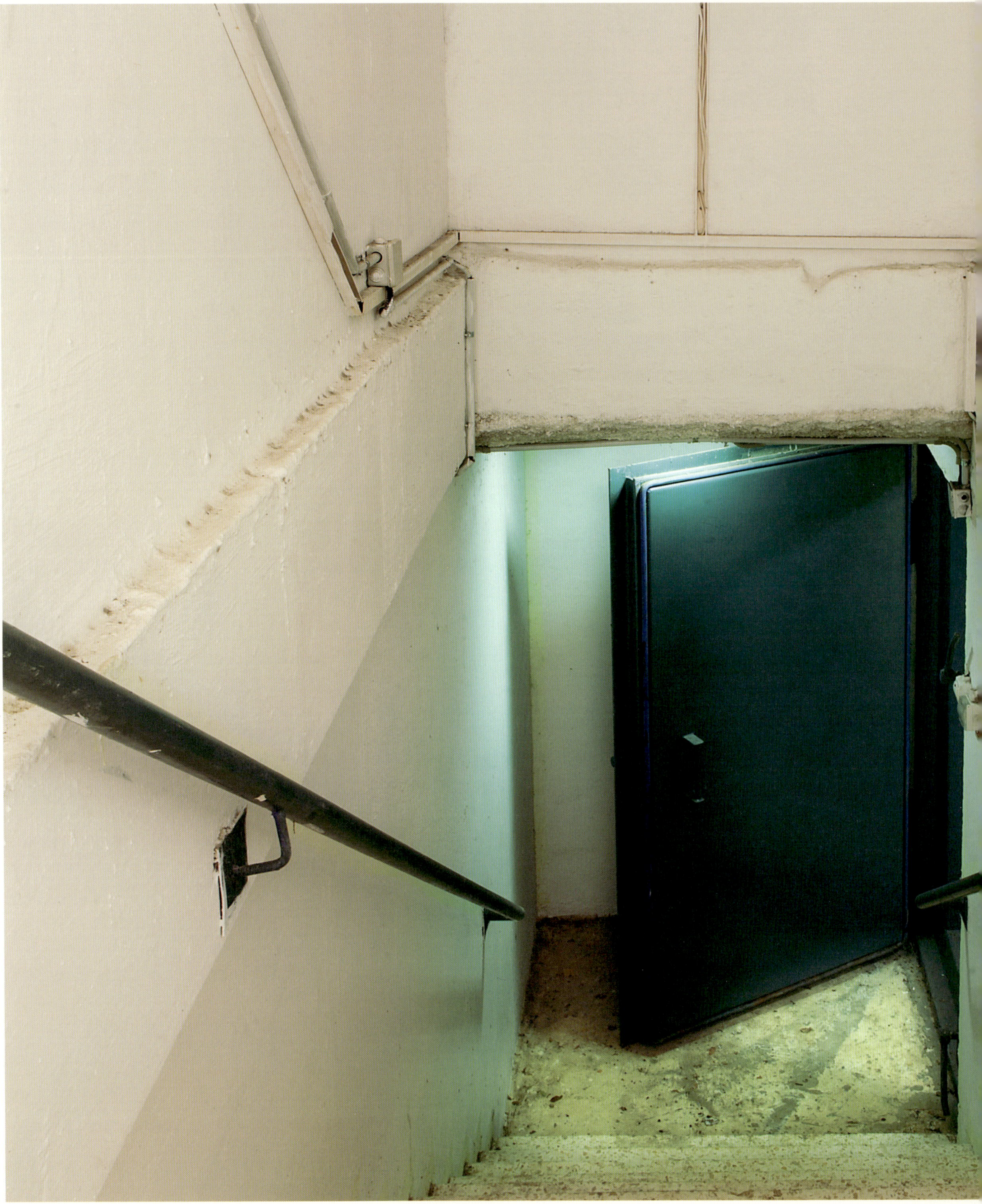

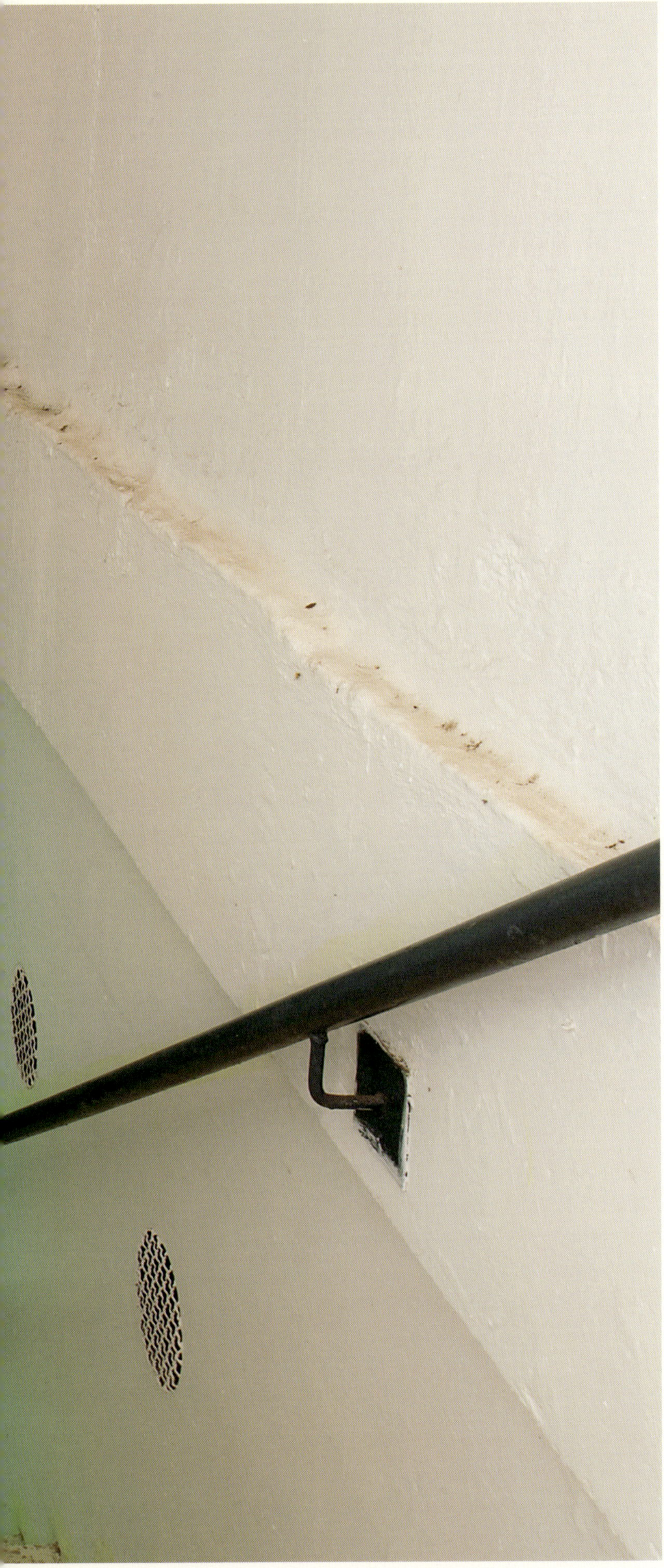

Wohnhausanlage
Kiryat Shmona

שיכון
קריית שמונה

Apartment complex
Kiryat Shmona

Besprechungszimmer
Yad LeBenim Center for Fallen Soldiers
Reut

חדר ישיבות
מרכז יד לבנים לחיילים שנפלו
רעות

Meeting room
Yad LeBenim Center for Fallen Soldiers
Reut

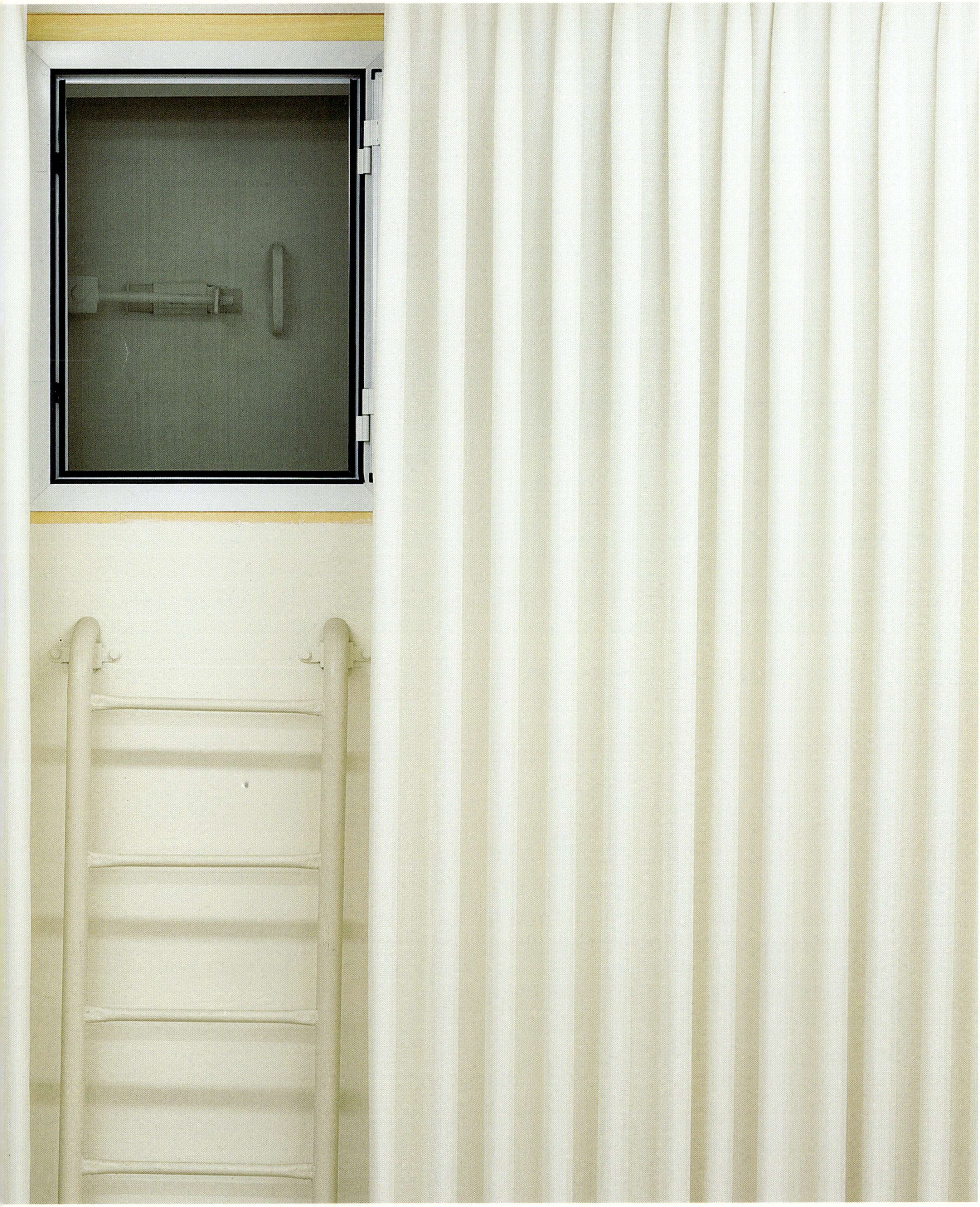

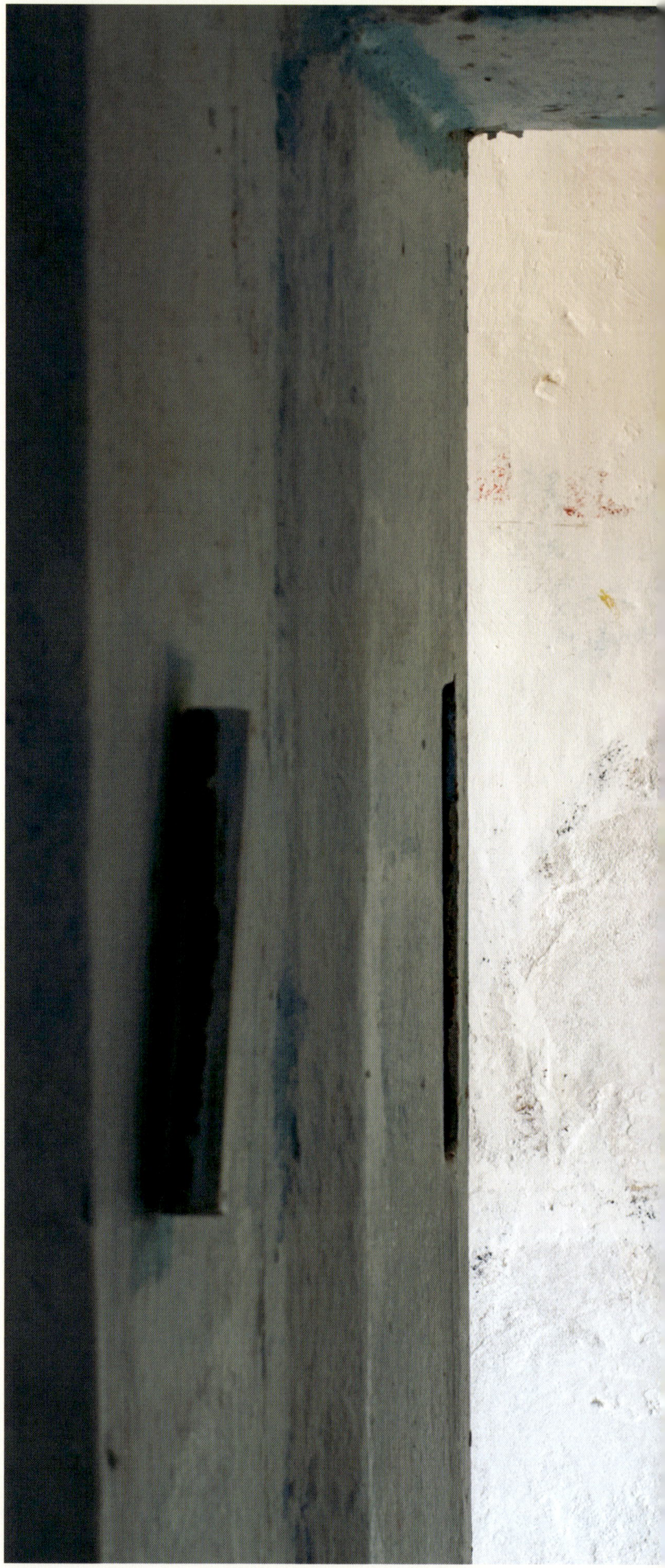

Wohnhausanlage
Modi’in

שיכון
מודיעין

Apartment complex
Modi’in

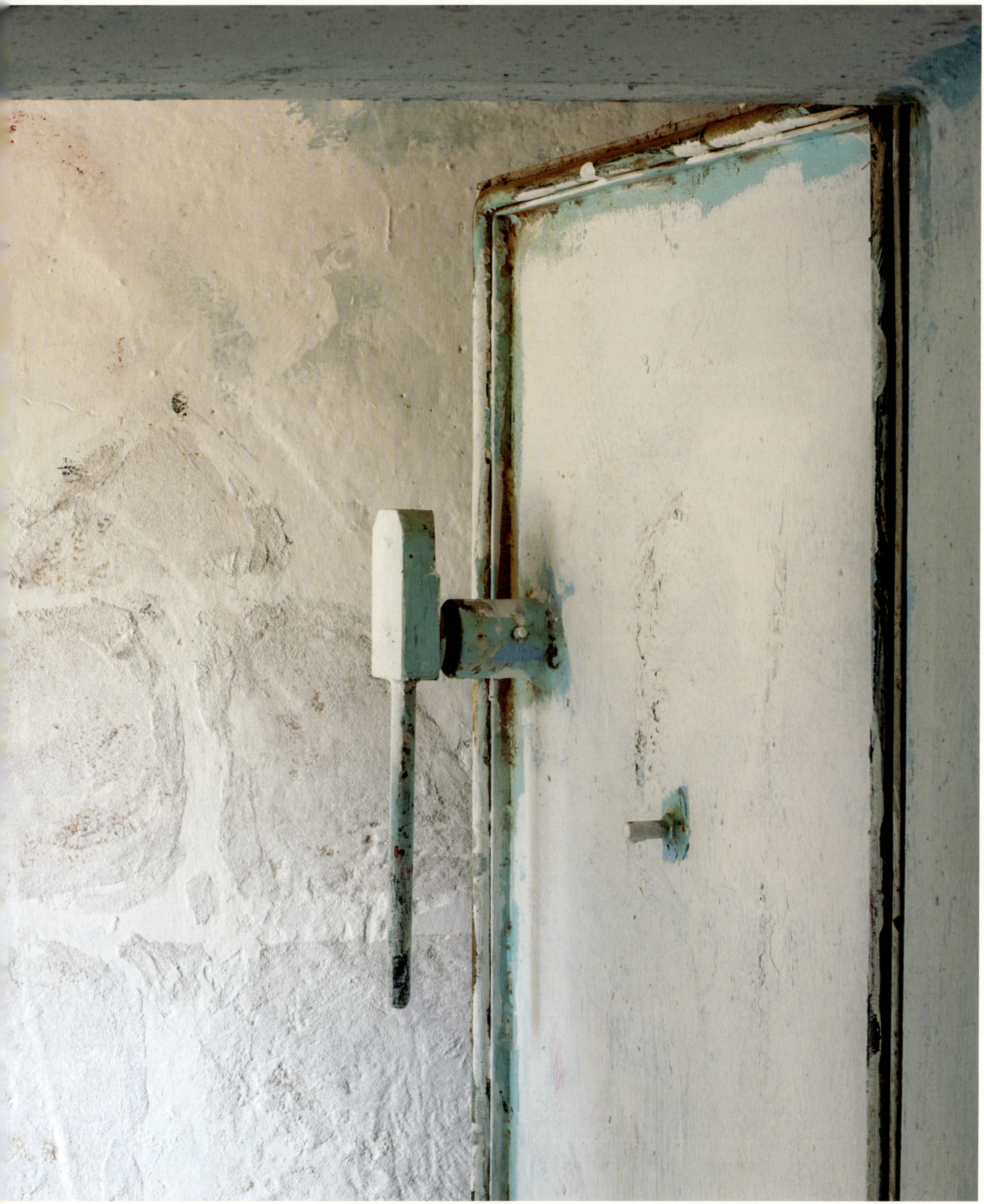

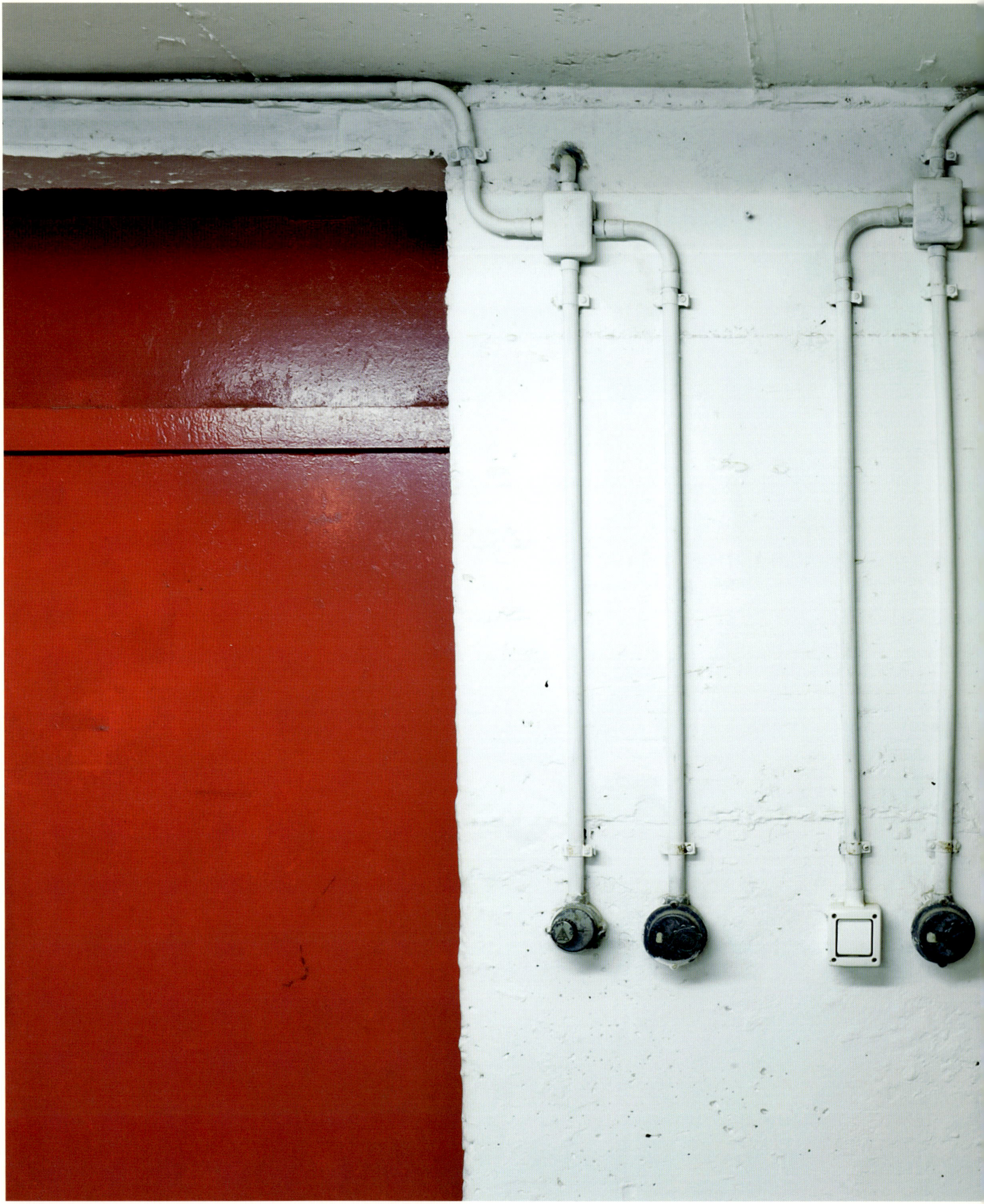

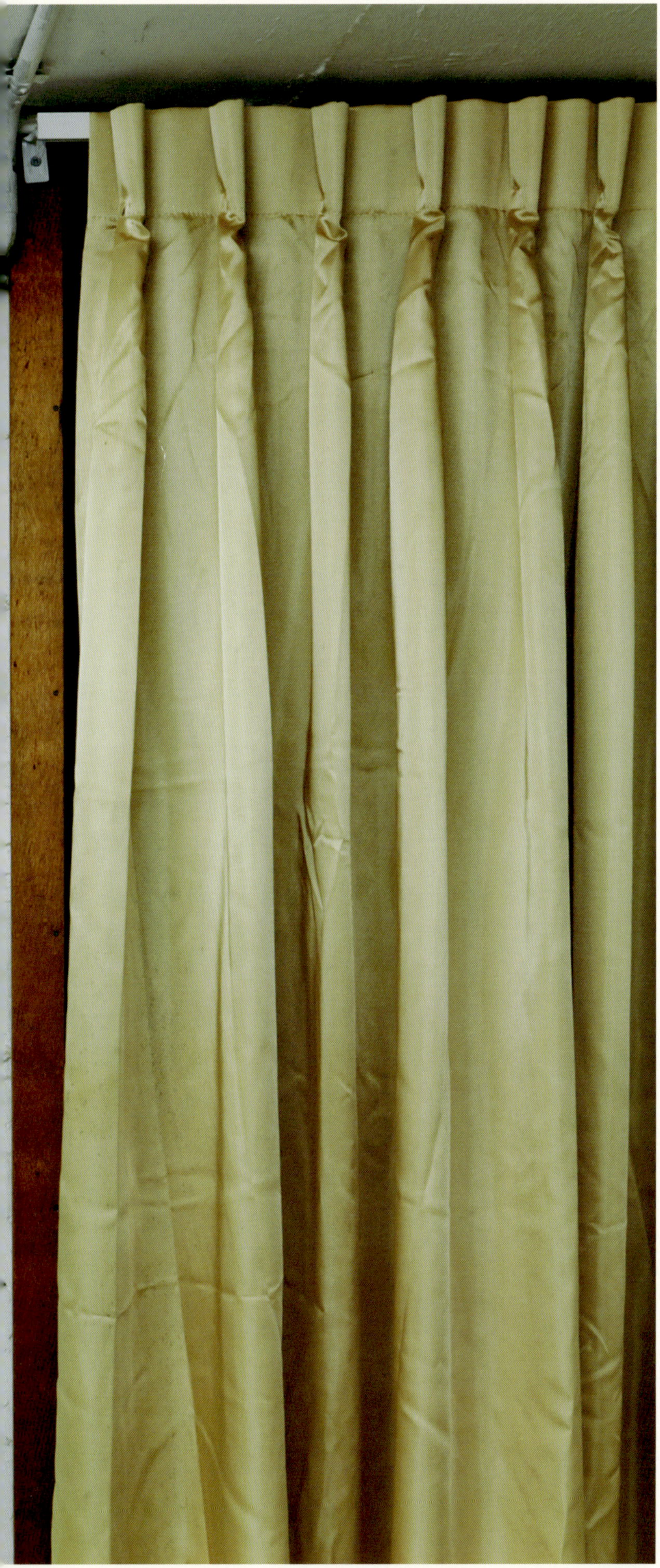

Verwaltungsgebäude
University of Haifa

בניין מנהלה
אוניברסיטת חיפה

Administrative building
University of Haifa

Wohnhausanlage
Haifa

שיכון
חיפה

Apartment complex
Haifa

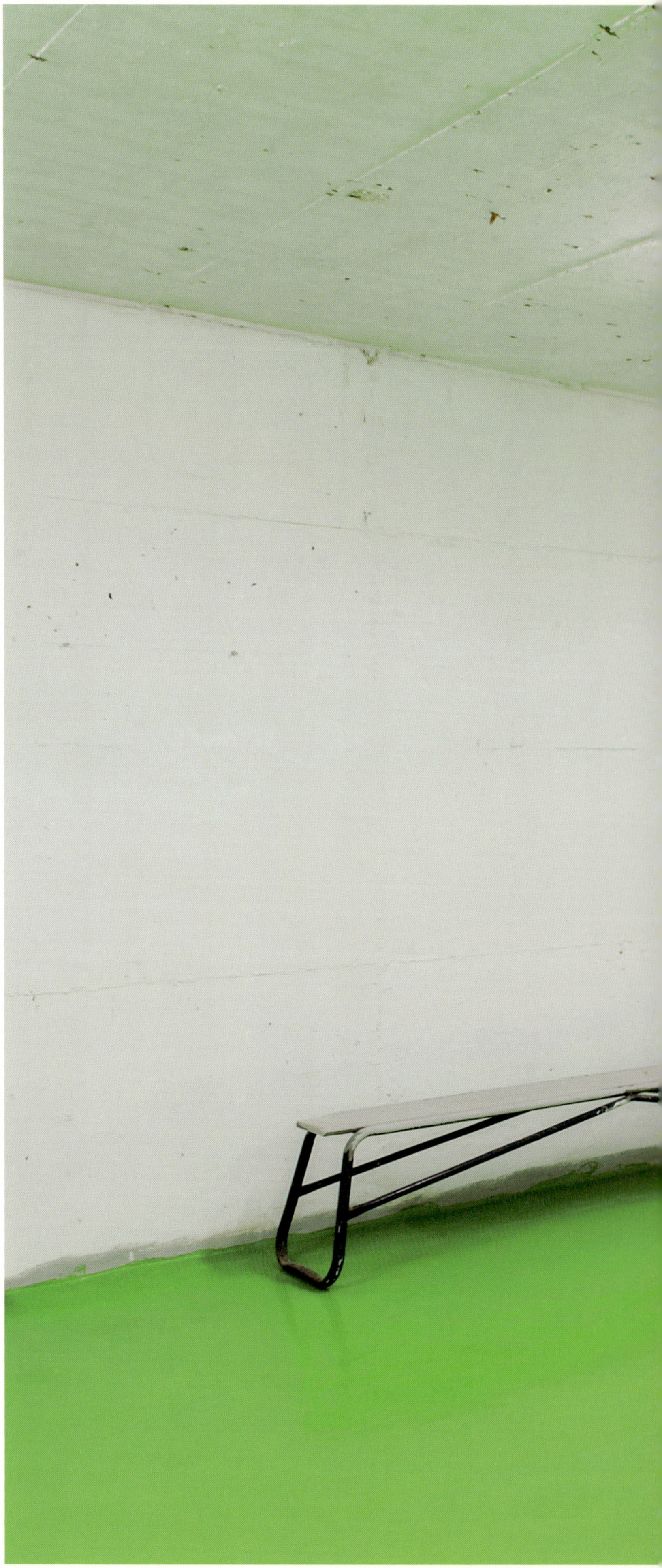

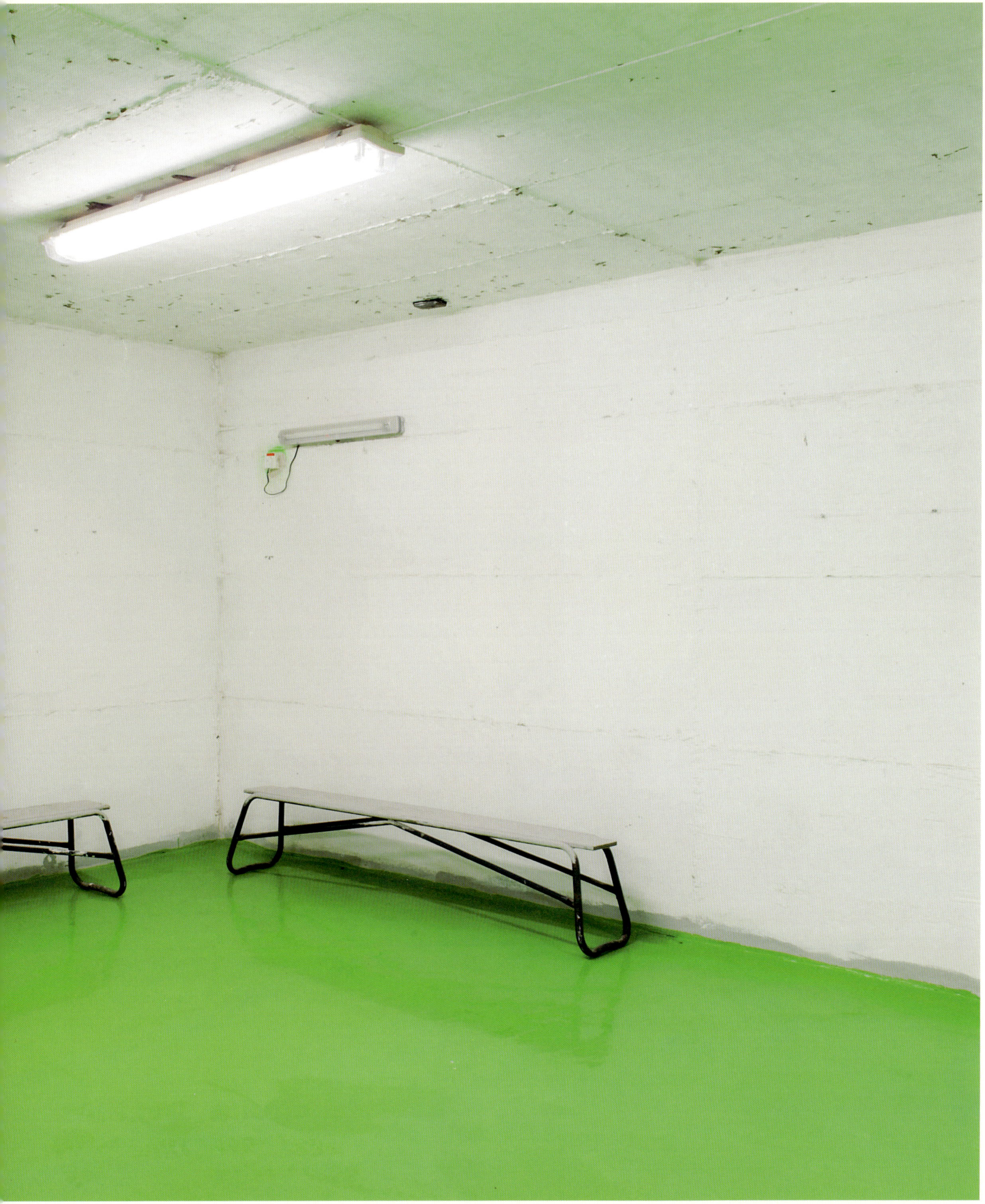

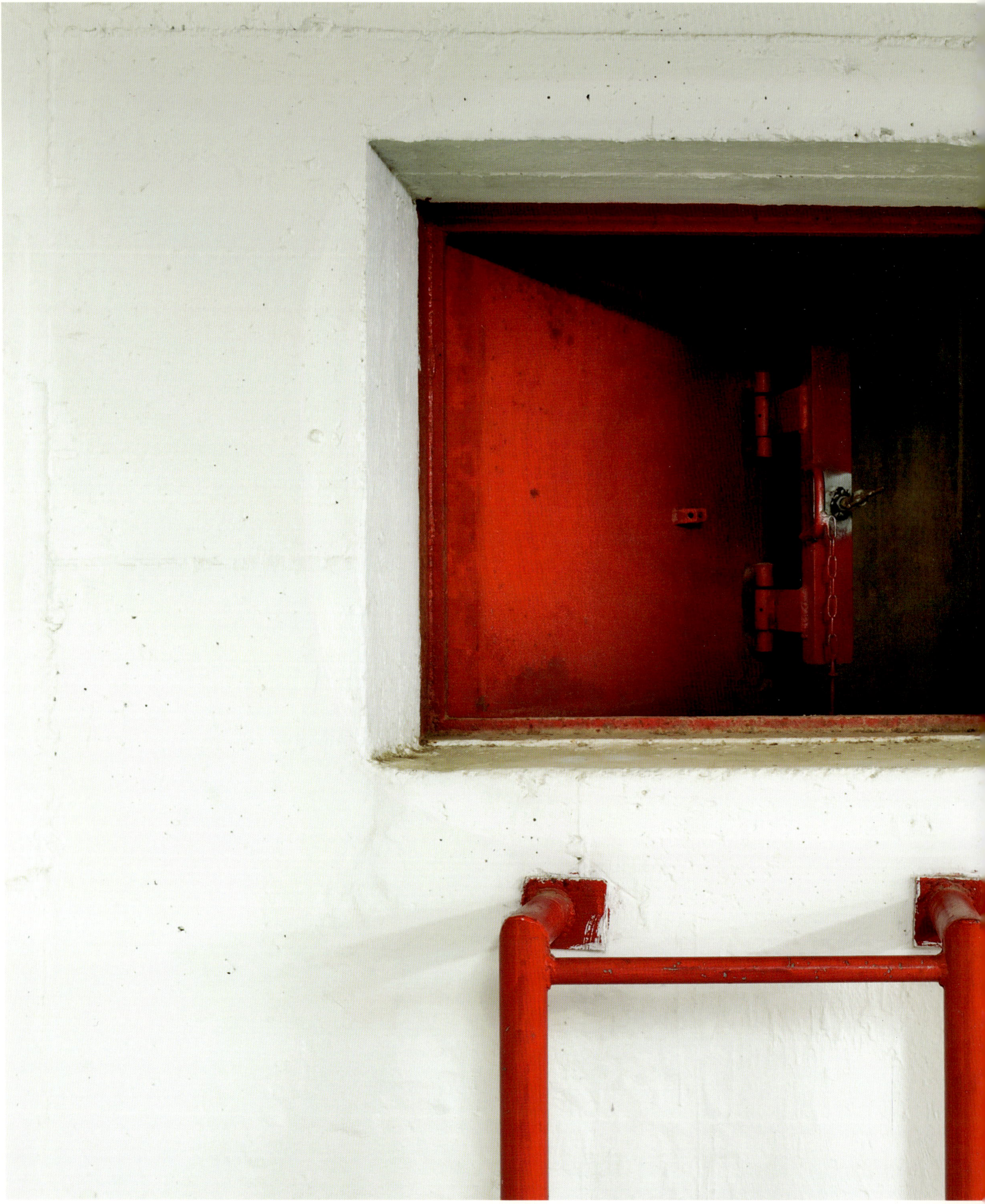

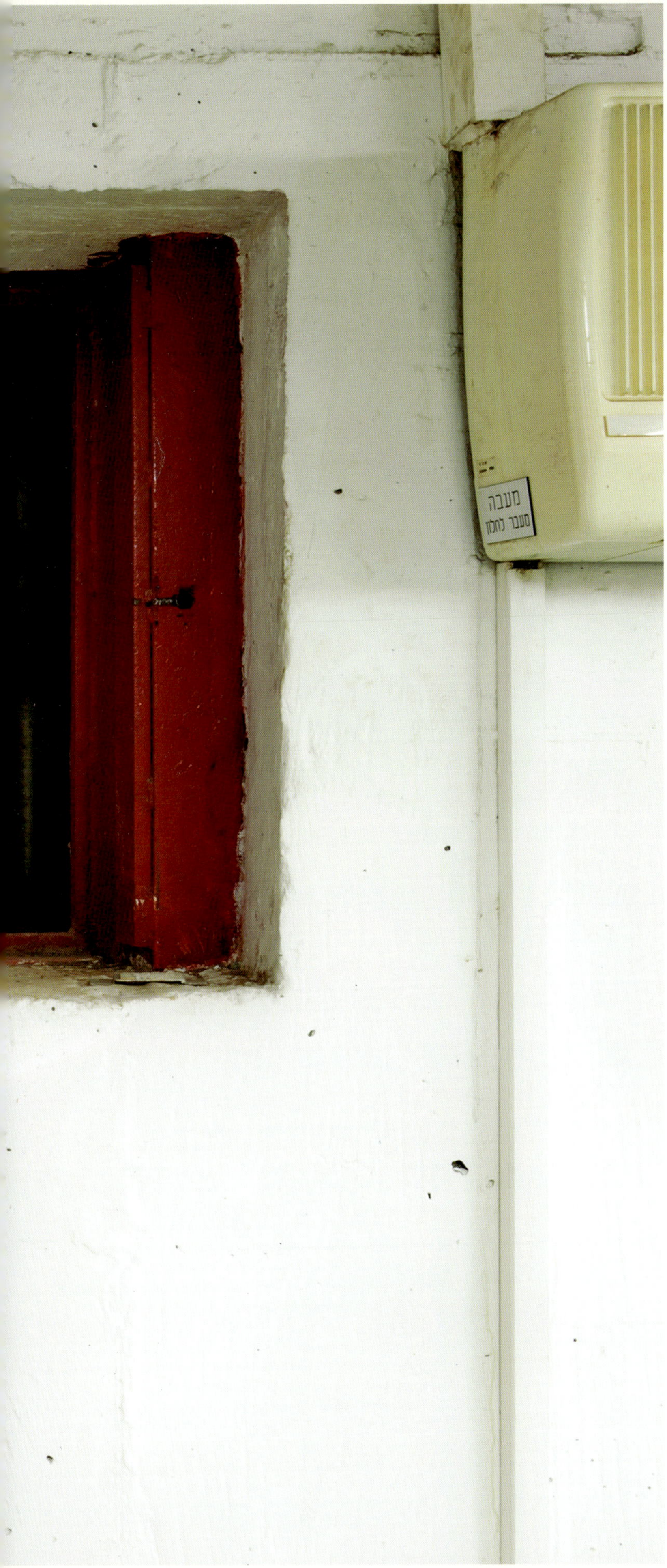

Verwaltungsgebäude
University of Haifa

בניין מנהלה
אוניברסיטת חיפה

Administrative building
University of Haifa

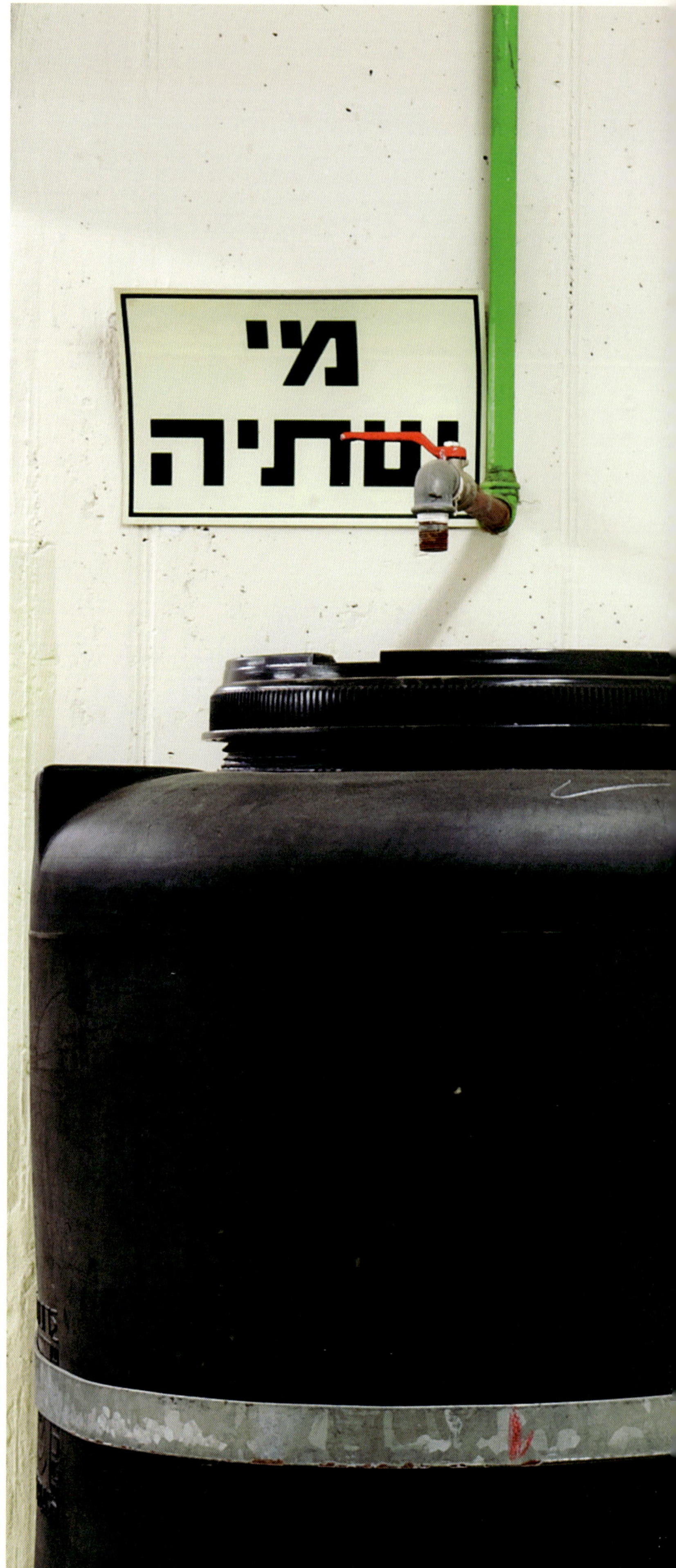

Trinkwasserspeicher
Rothberg International School
Hebräische Universität Jerusalem

מכלים לאגירת מי שתייה
בית הספר לתלמידים מחו"ל ע"ש רוטברג
האוניברסיטה העברית ירושלים

Water storage tanks
Rothberg International School
Hebrew University Jerusalem

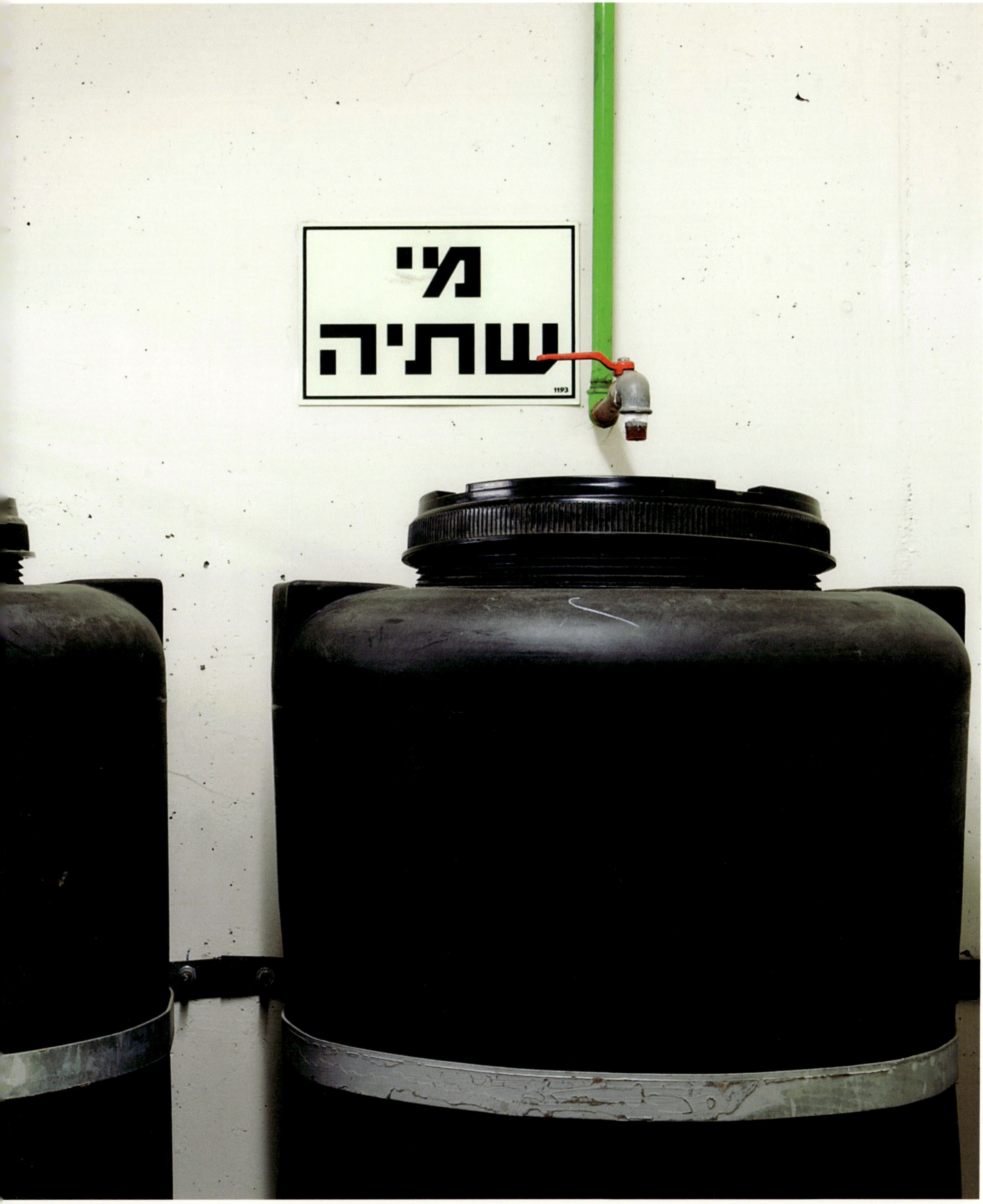
מי
שתיה
1193

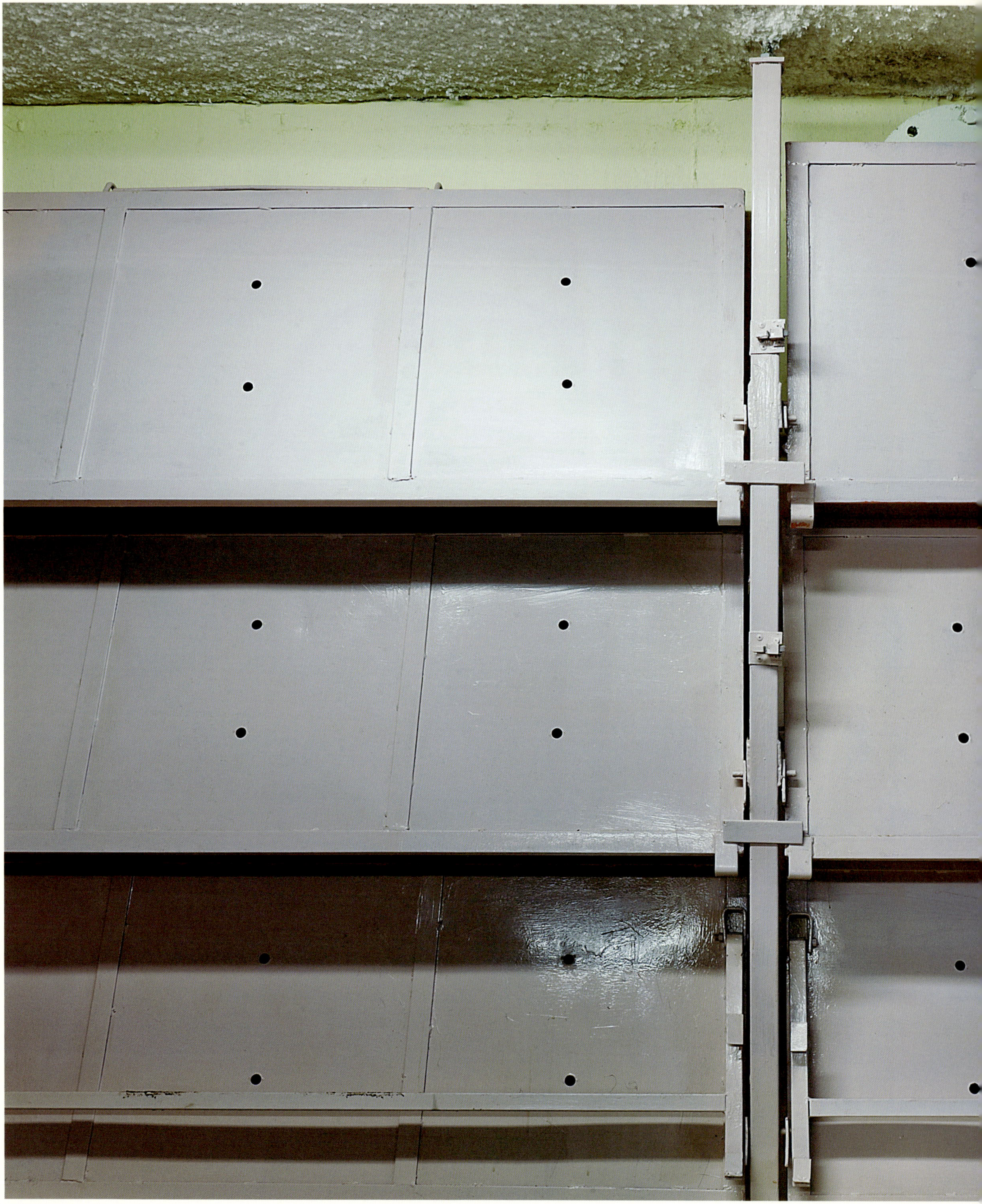

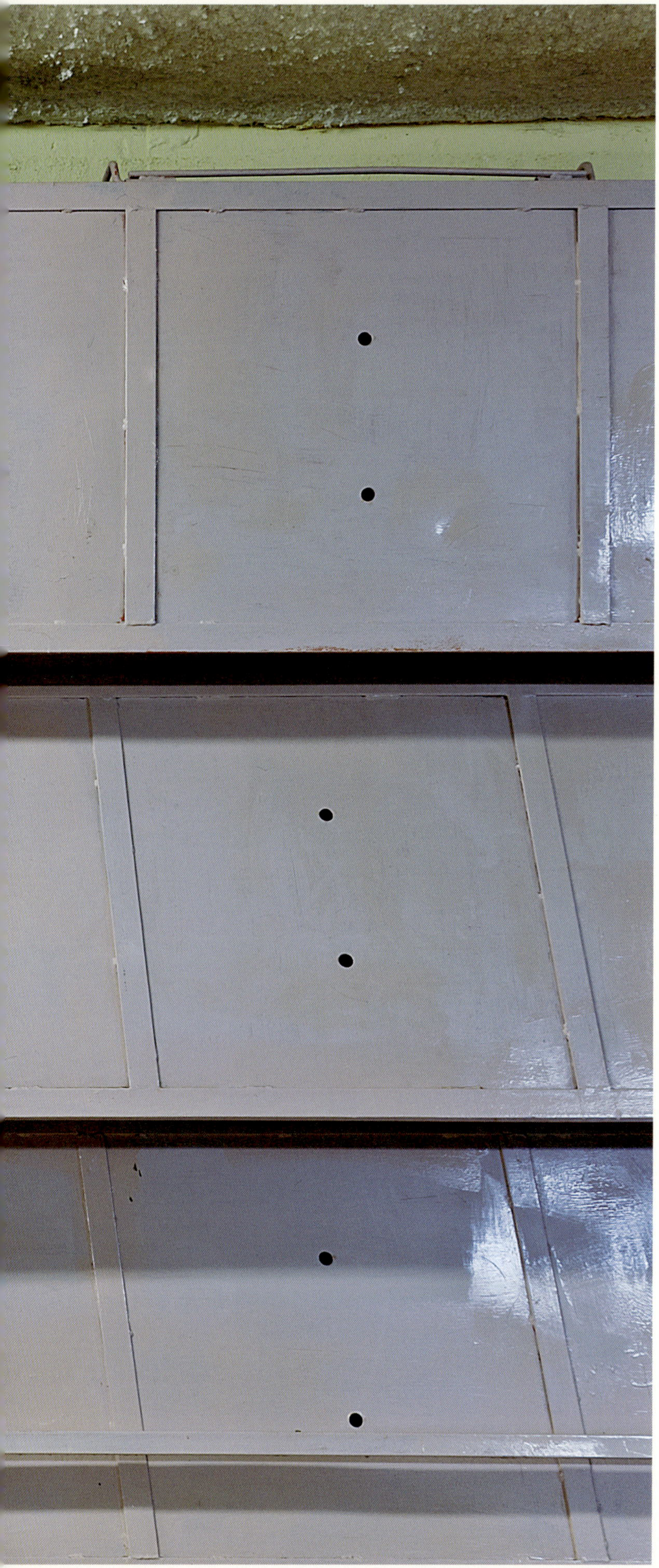

Klappbetten
Wohnhausanlage
Kiryat Shmona

דרגשי שינה
שיכון
קריית שמונה

Sleeping cots
Apartment complex
Kiryat Shmona

Hauptgebäude
Tel Hai Gewerbegebiet

בניין ראשי
אזור התעשייה תל-חי

Main building
Tel Hai Industrial Park

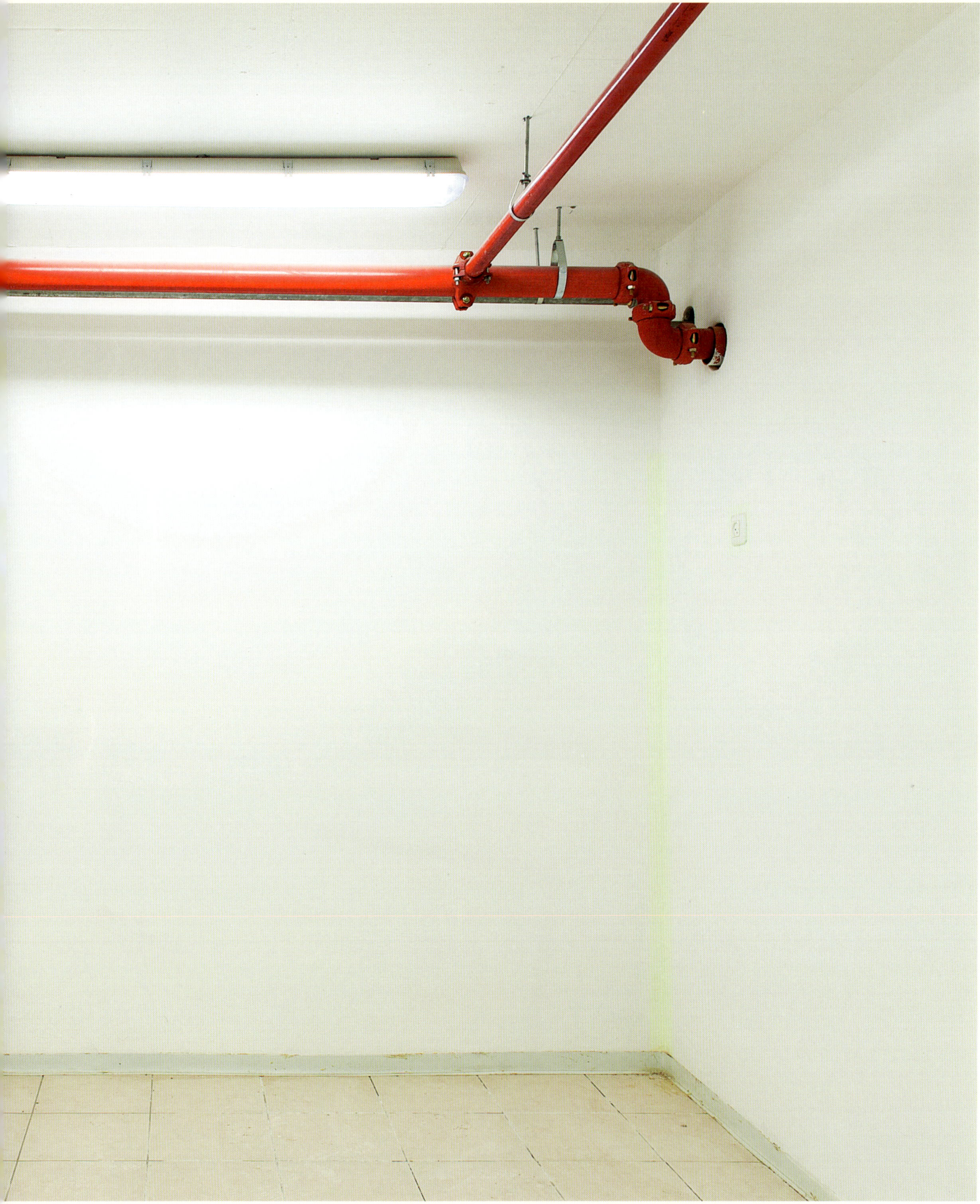

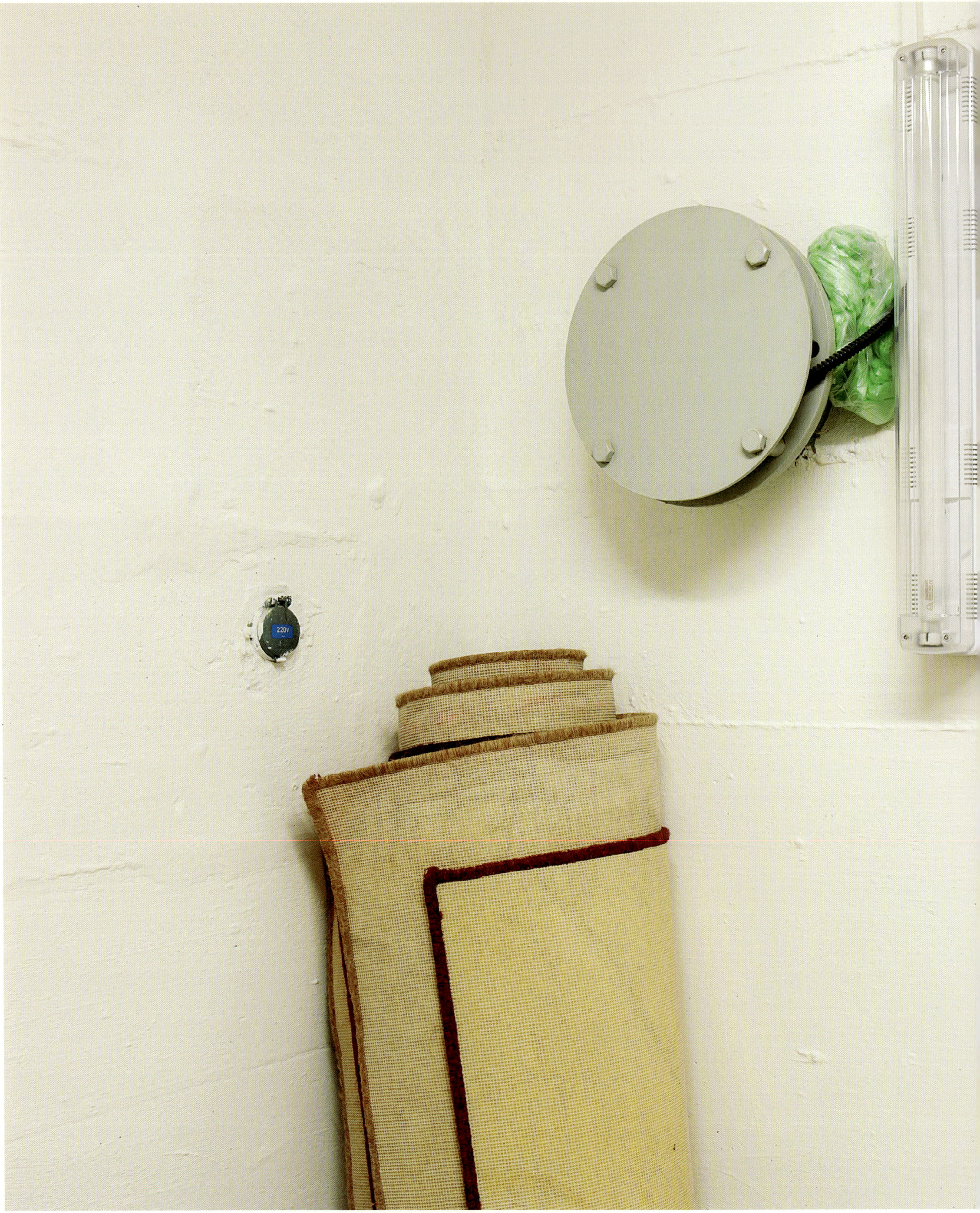
220V

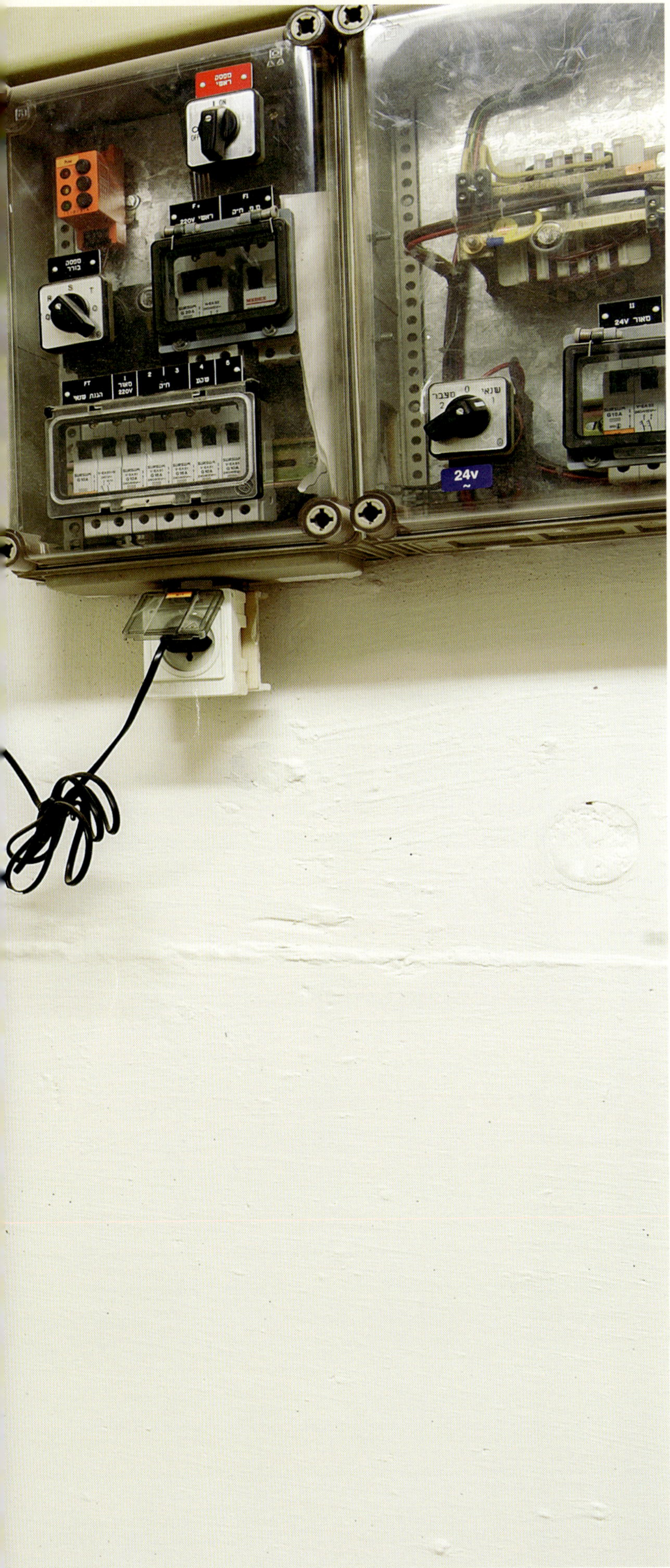

Open Museum of Photography
Tel Hai Gewerbegebiet

המוזיאון הפתוח לצילום
אזור התעשייה תל-חי

Open Museum of Photography
Tel Hai Industrial Park

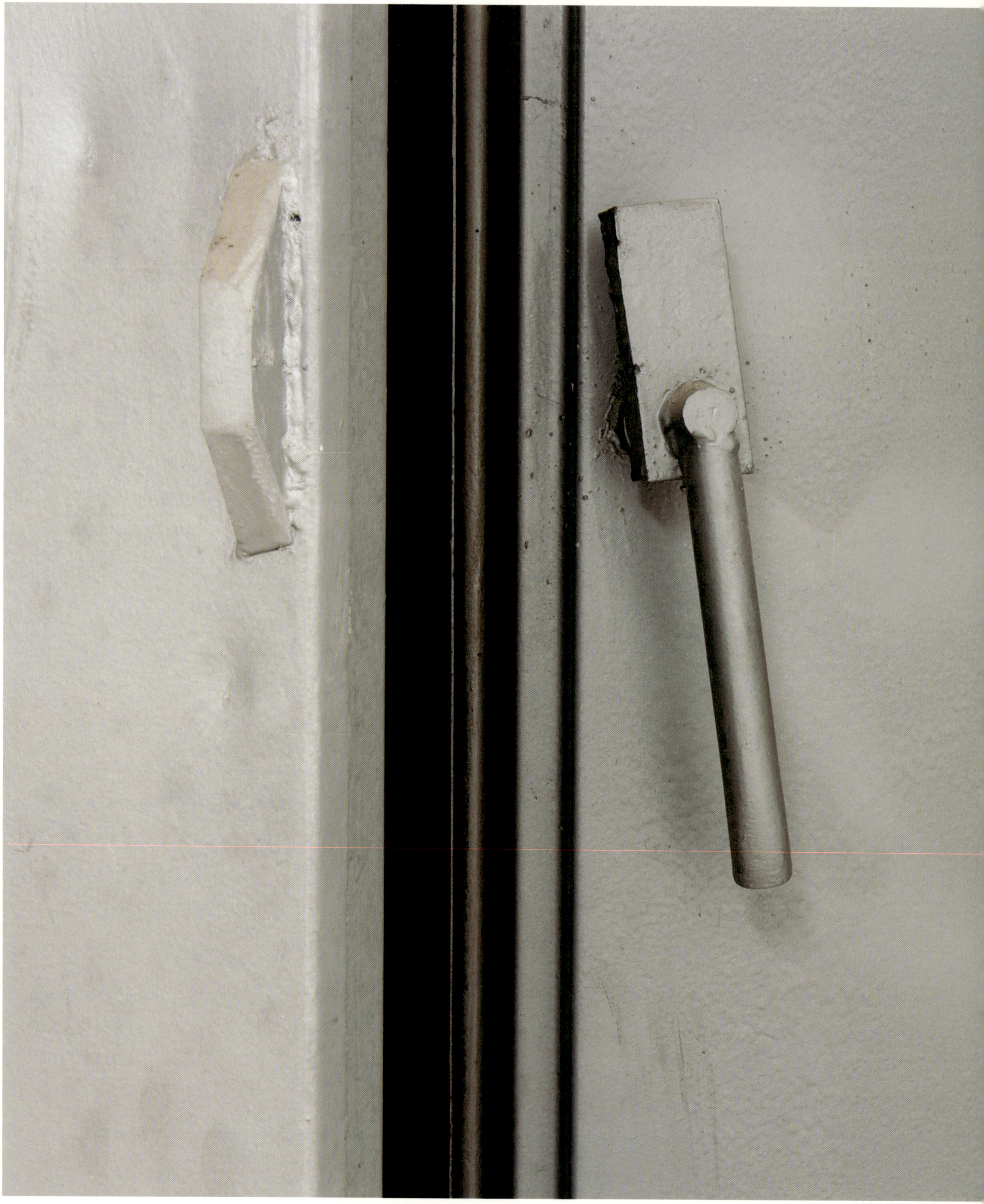

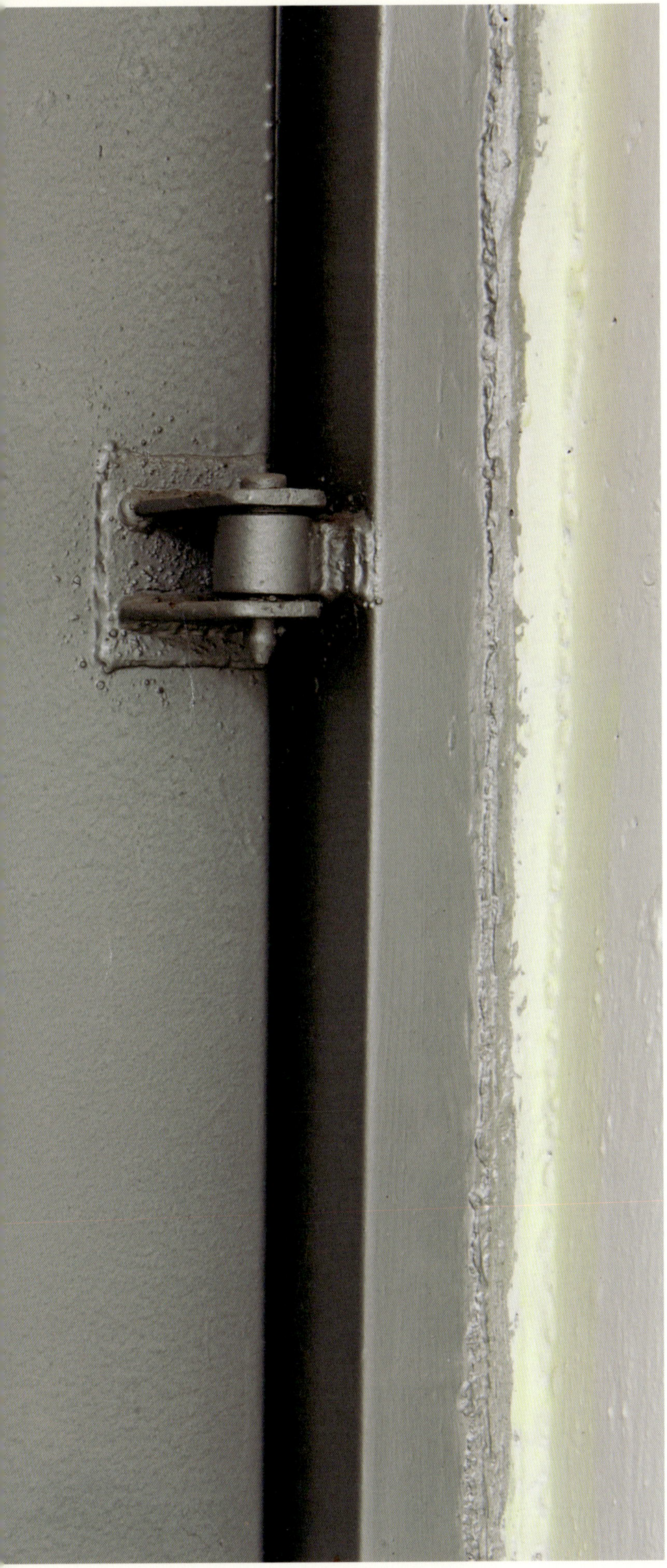

Zentraler öffentlicher Schutzraum
Ramat Magshimim
Golanhöhen

מקלט ציבורי ראשי
היישוב רמת מגשימים
רמת הגולן

Central public shelter
Ramat Magshimim
Golan Heights

Wohnhausanlage
Eilat

שיכון
אילת

Apartment complex
Eilat

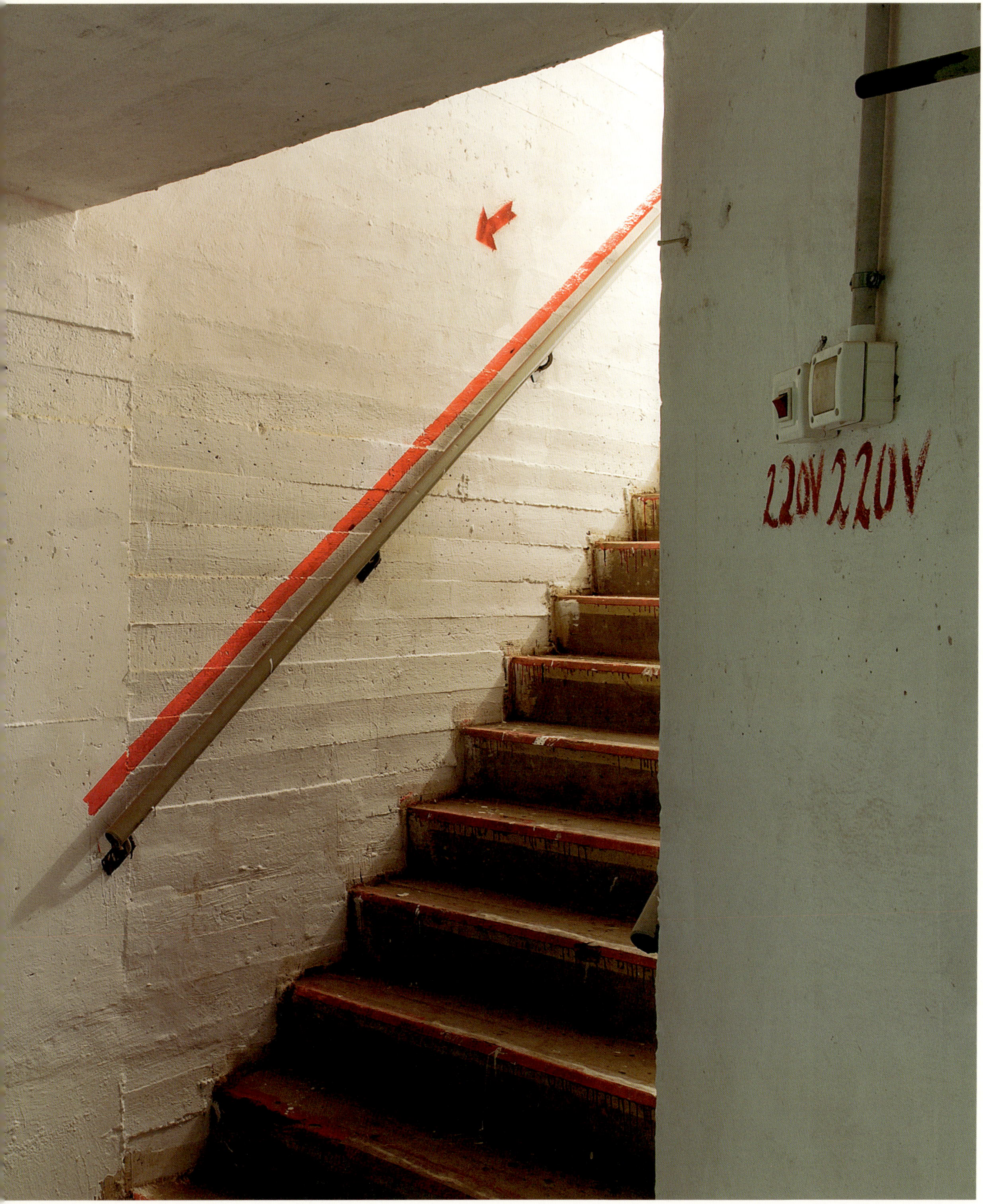
220V 220V

Synagoge
Eilat

בית כנסת
אילת

Synagogue
Eilat

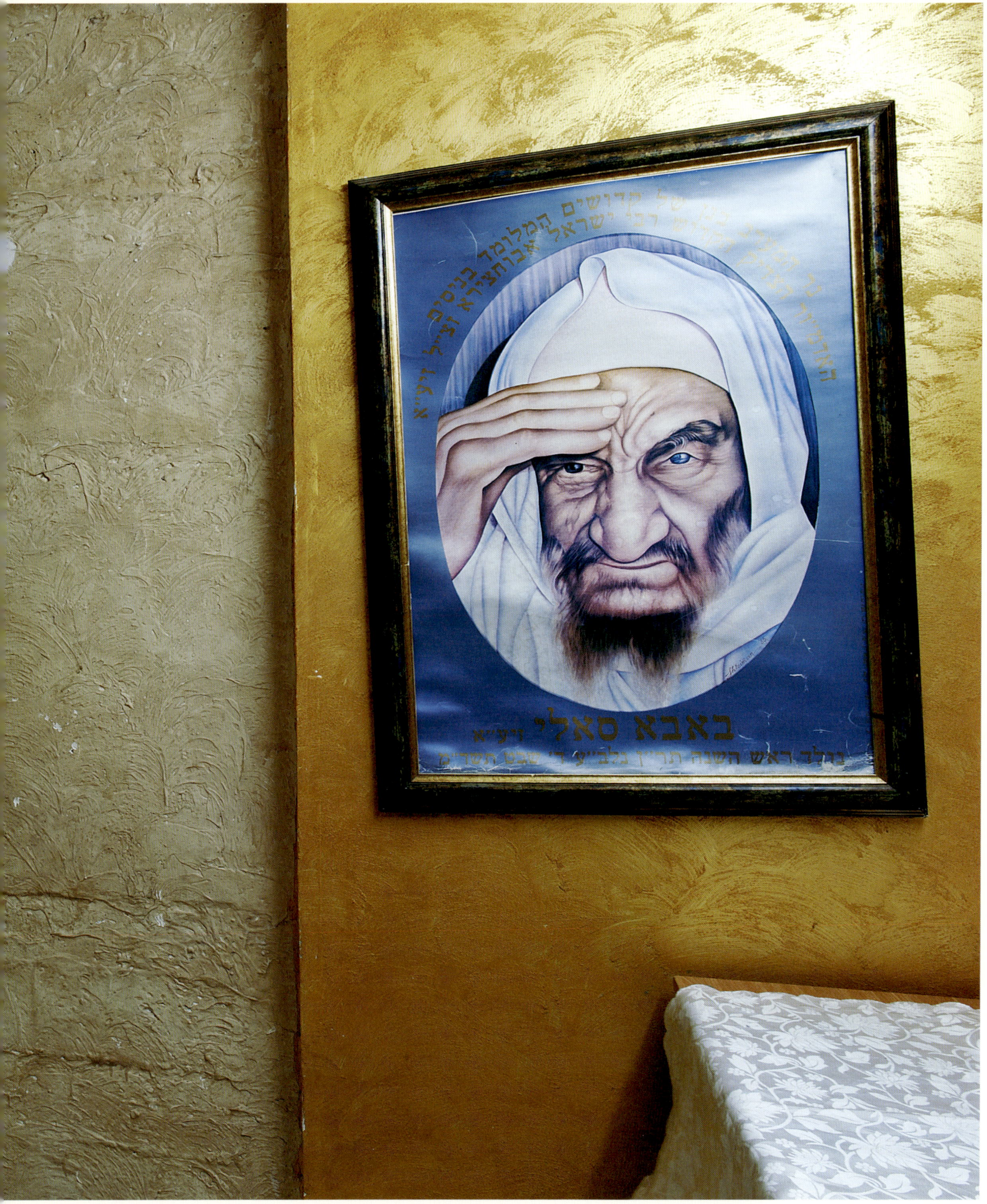
באבא סאלי זיע״א

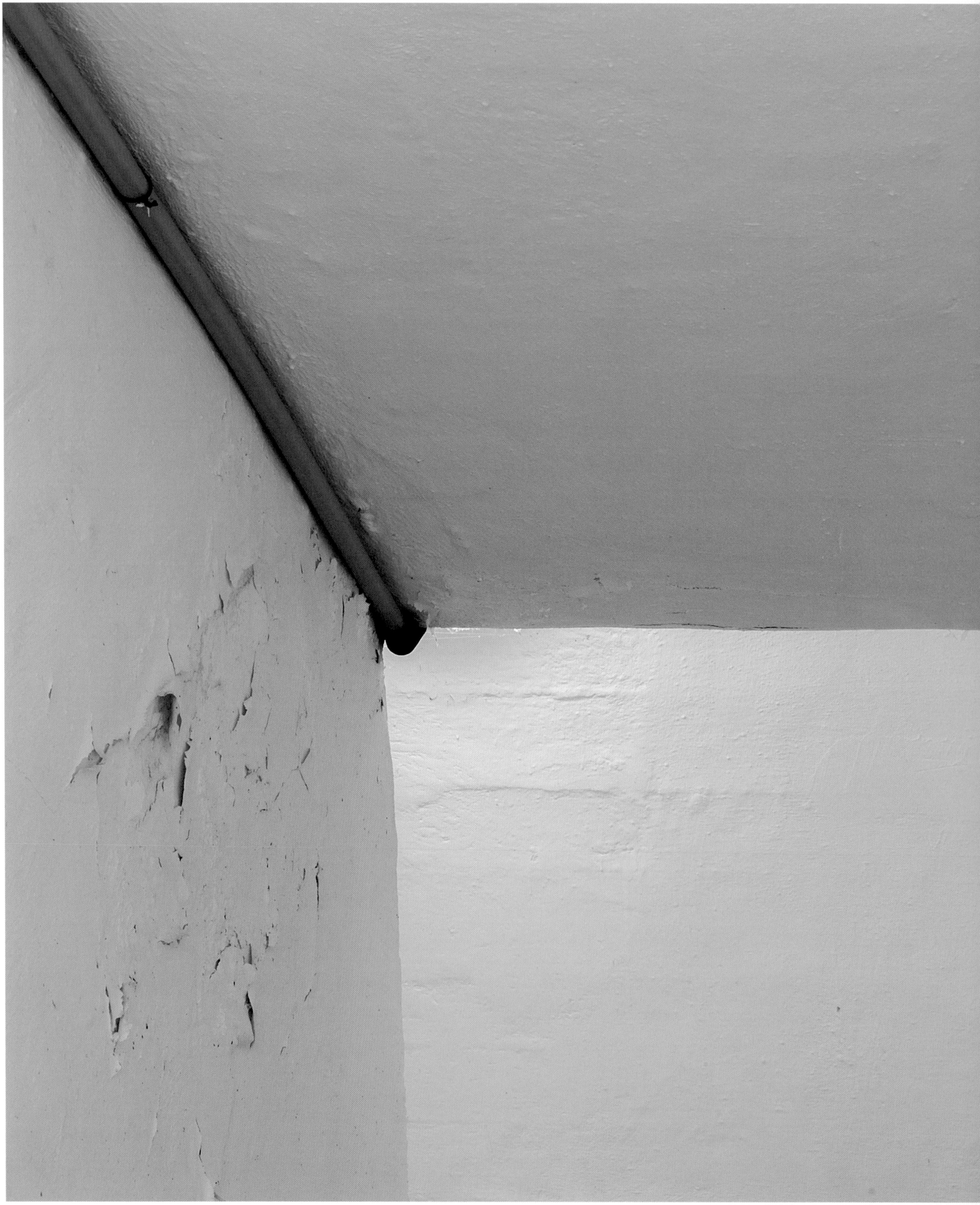

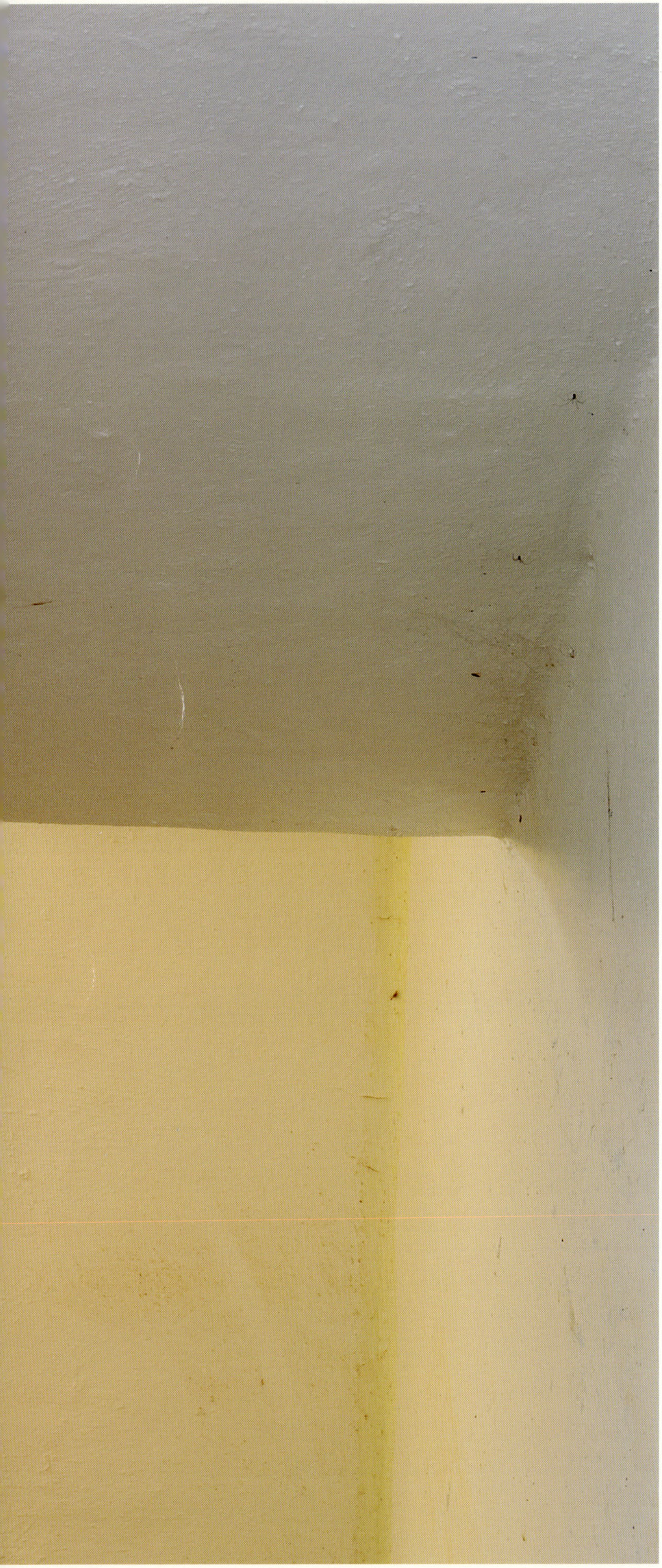

Zentraler öffentlicher Schutzraum
Ramat Magshimim
Golanhöhen

מקלט ציבורי ראשי
היישוב רמת מגשימים
רמת הגולן

Central public shelter
Ramat Magshimim
Golan Heights

Einkaufszentrum
Siedlung Modi'in Ilit
Westjordanland

מרכז קניות
יישוב מודיעין עילית
הגדה המערבית

Shopping center
Modi'in Ilit settlement
West Bank

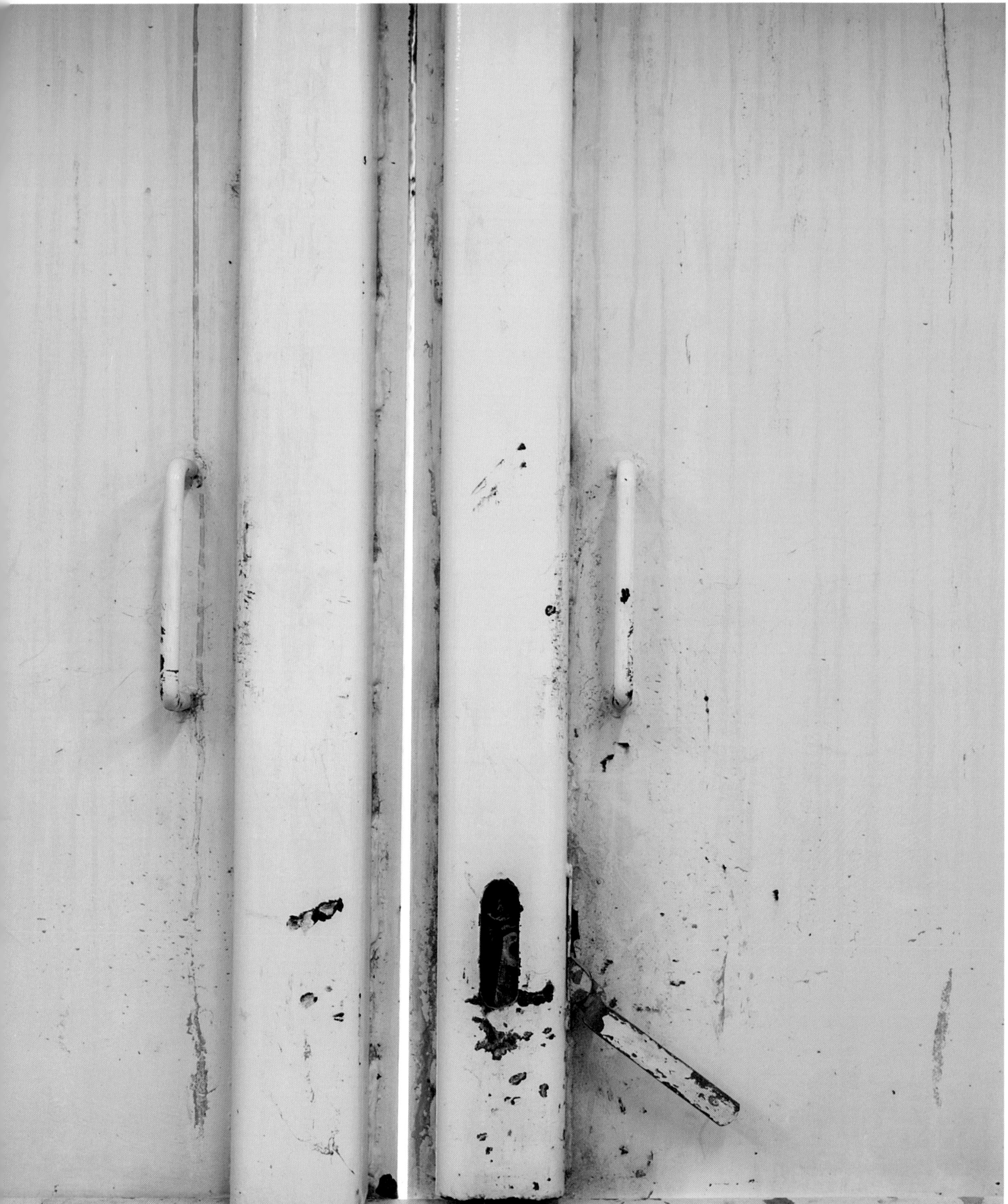

Rathaus
Ein Zivan
Golanhöhen

בית המועצה
יישוב עין-זיוון
רמת הגולן

Settlement Headquarters
Ein Zivan
Golan Heights

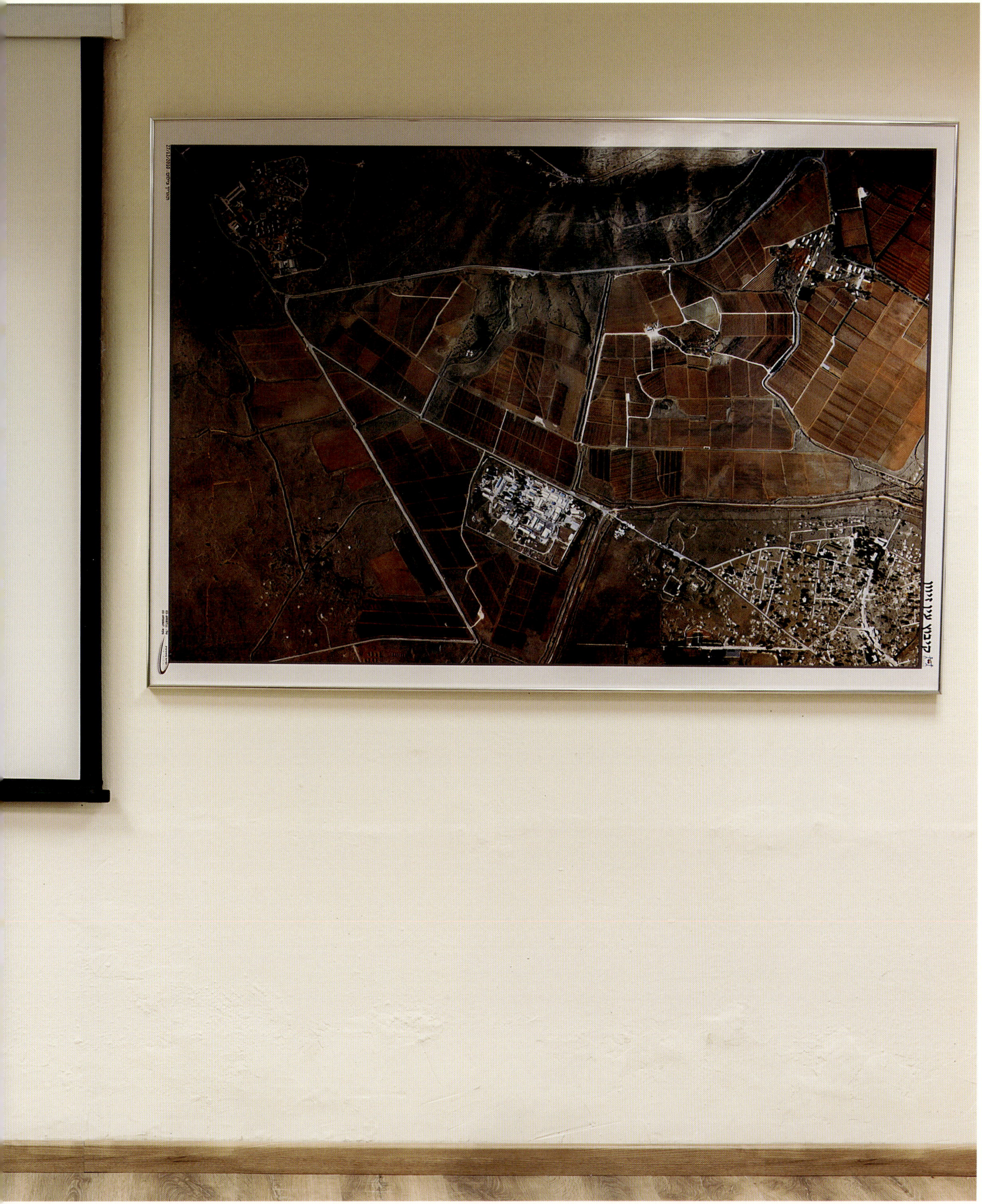

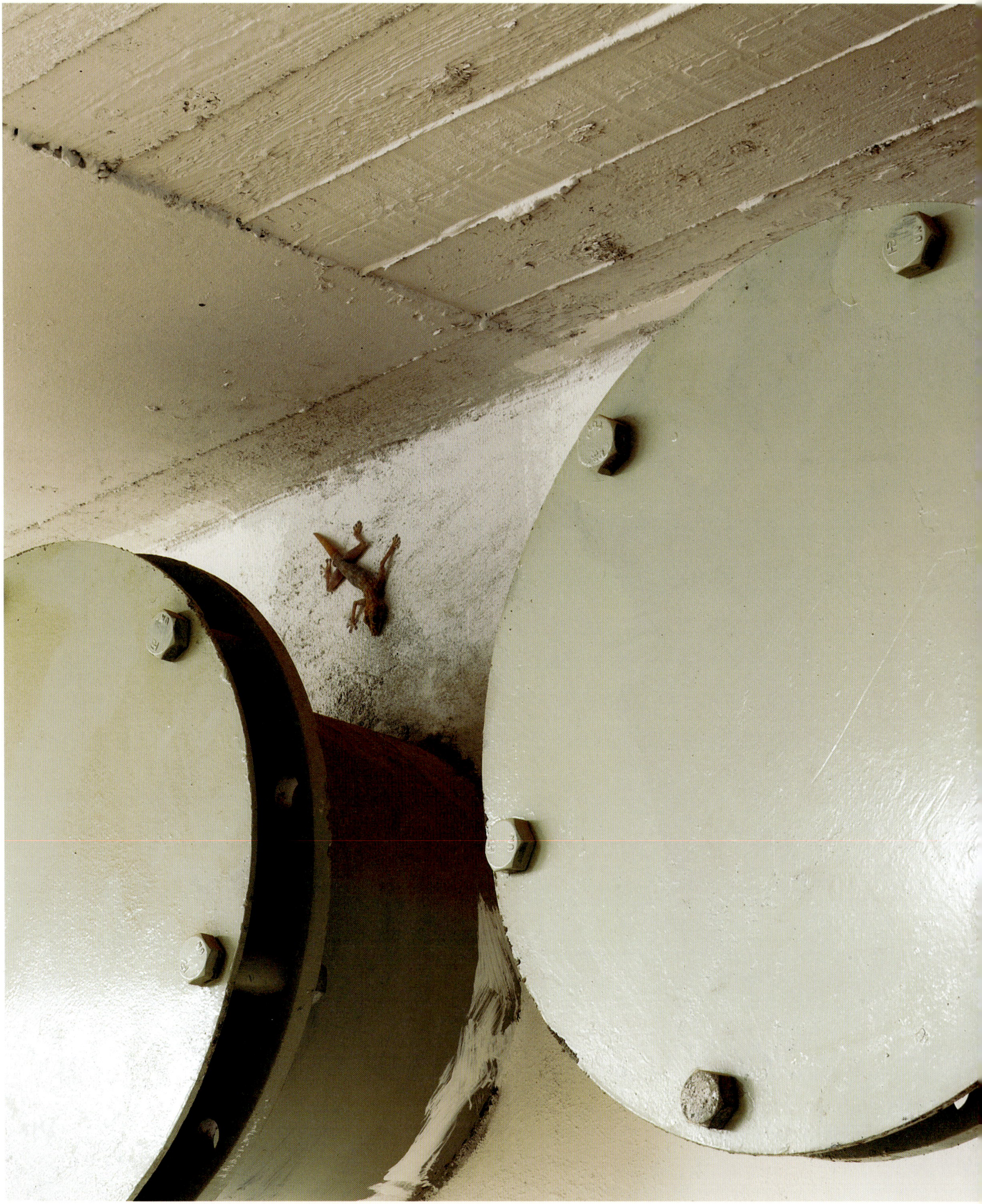

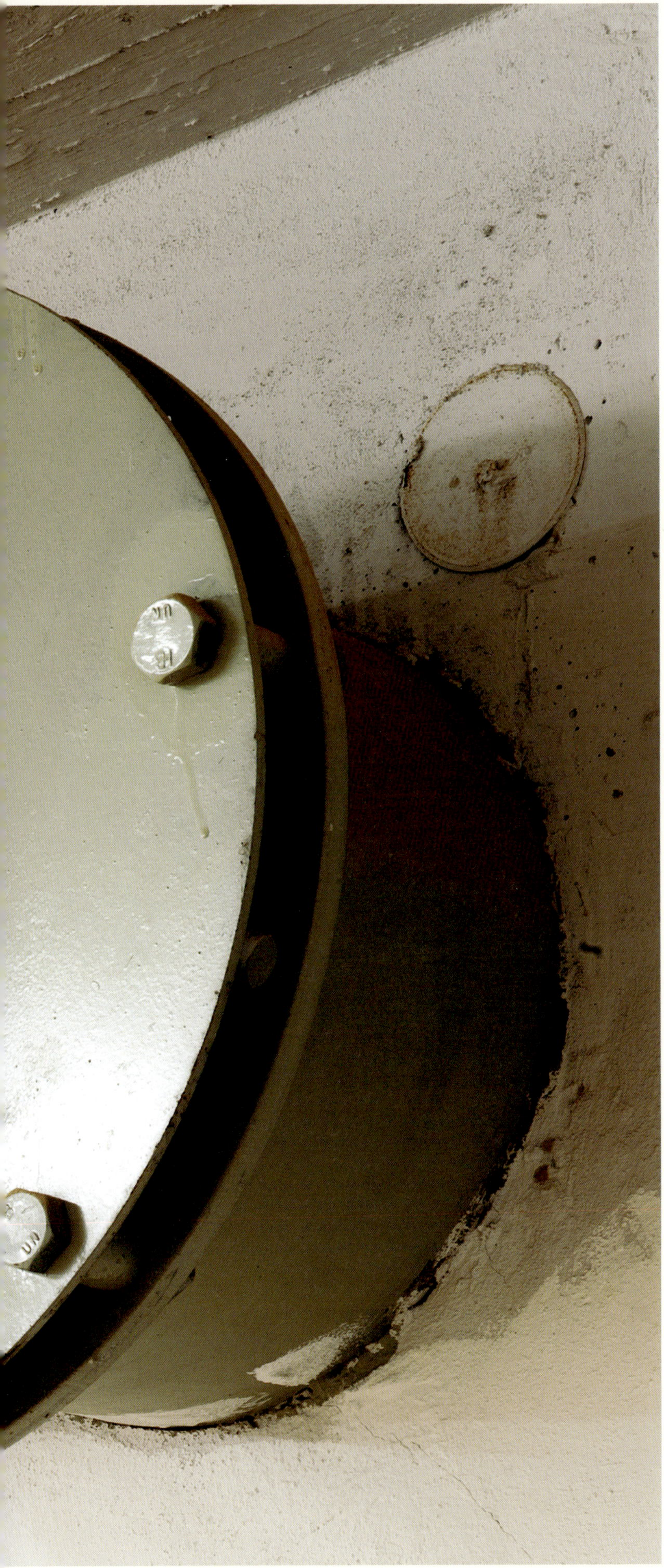

Belüftung
Wohnhausanlage
Eilat

מערכת אוורור
שיכון
אילת

Air vents
Apartment complex
Eilat

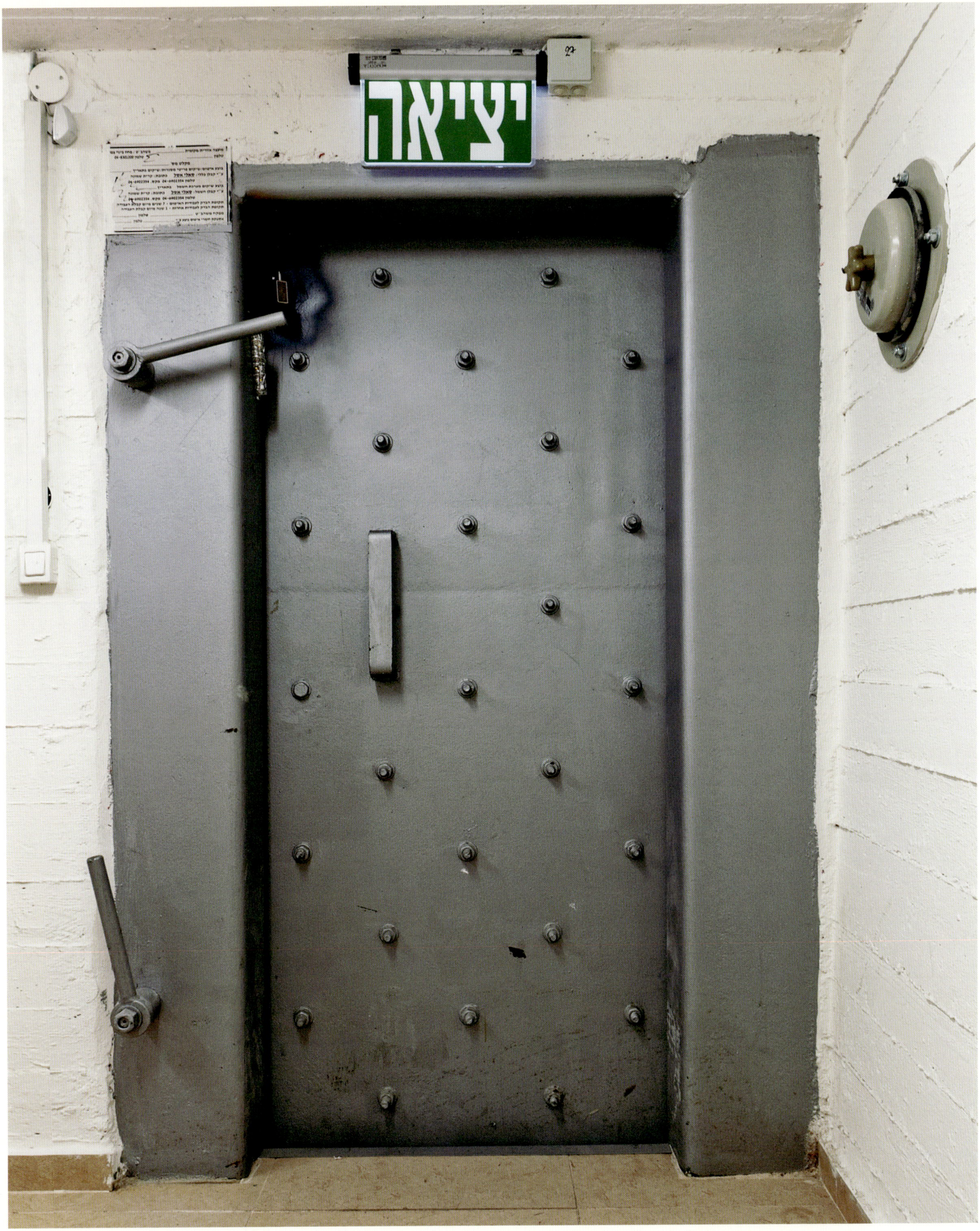
יציאה

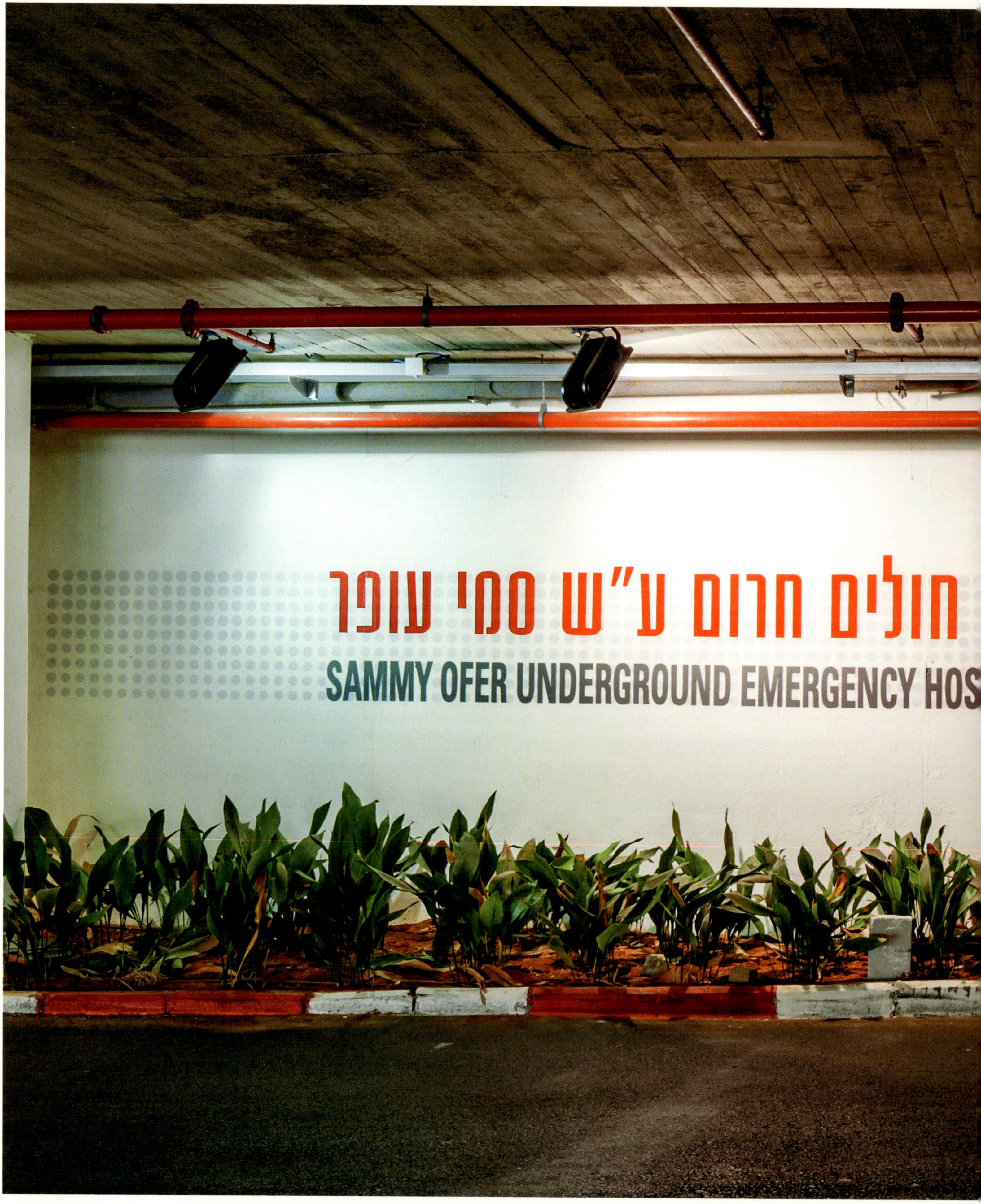
חולים חרום ע"ש סמי עופר
SAMMY OFER UNDERGROUND EMERGENCY HOS

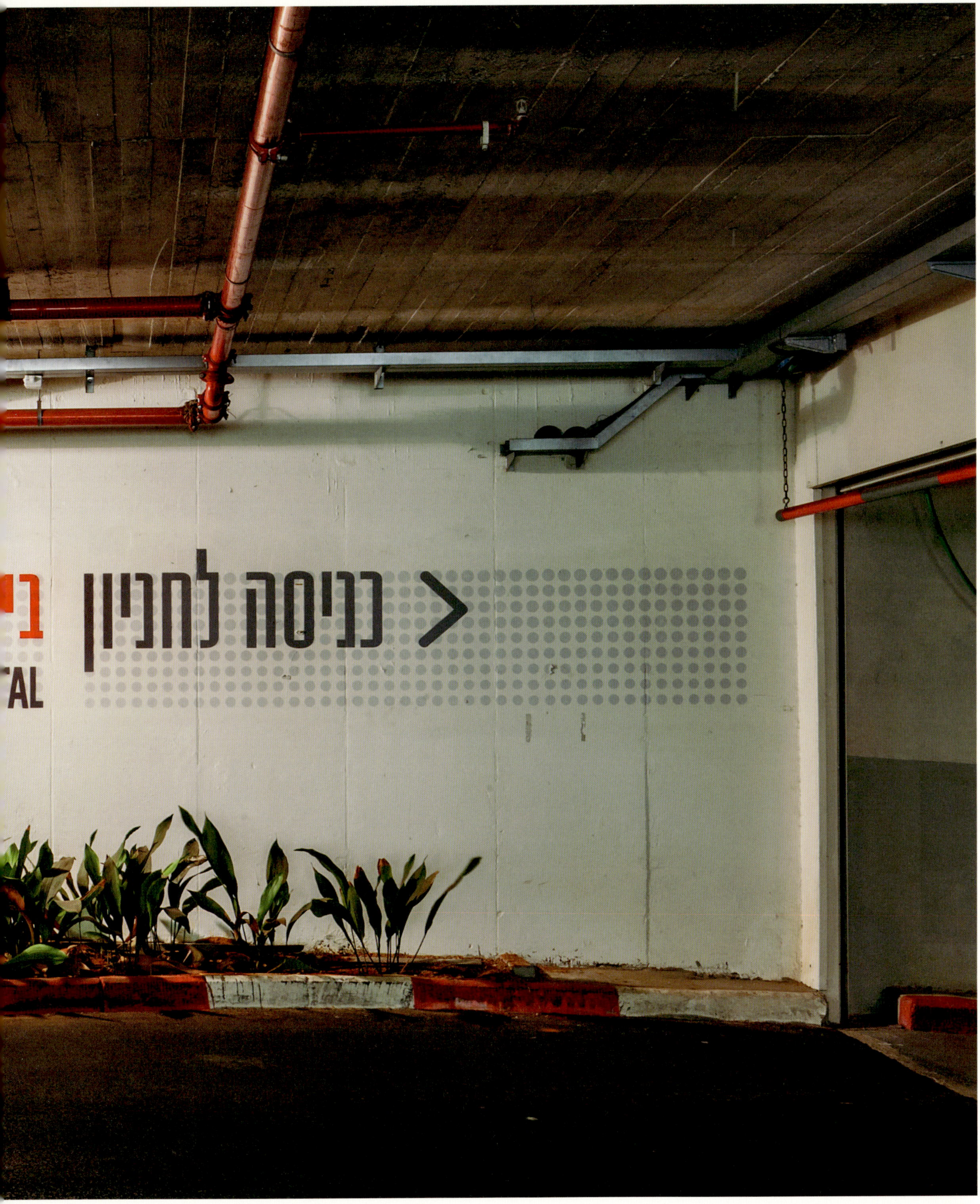
כניסה לחניון

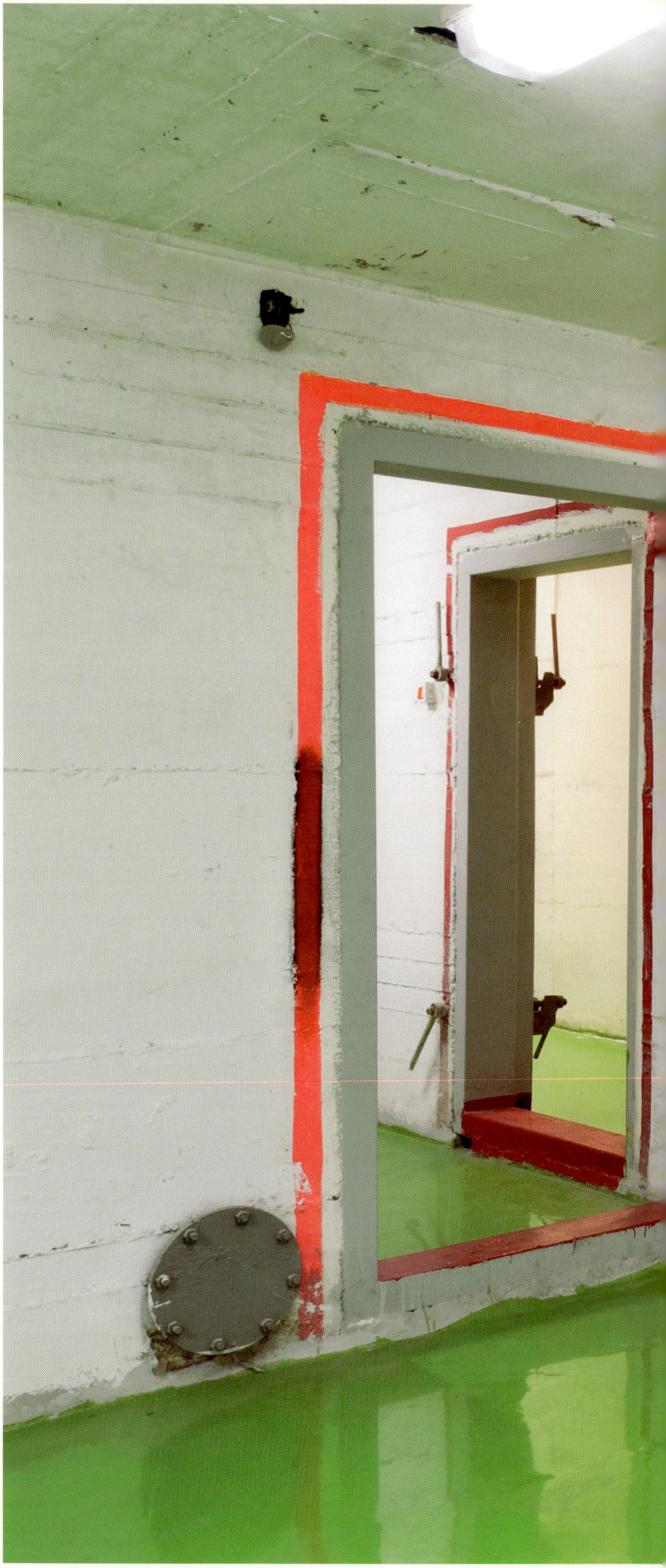

Wohnhausanlage
Stadtzentrum
Haifa

שיכון
מרכז העיר
חיפה

Apartment complex
Downtown
Haifa

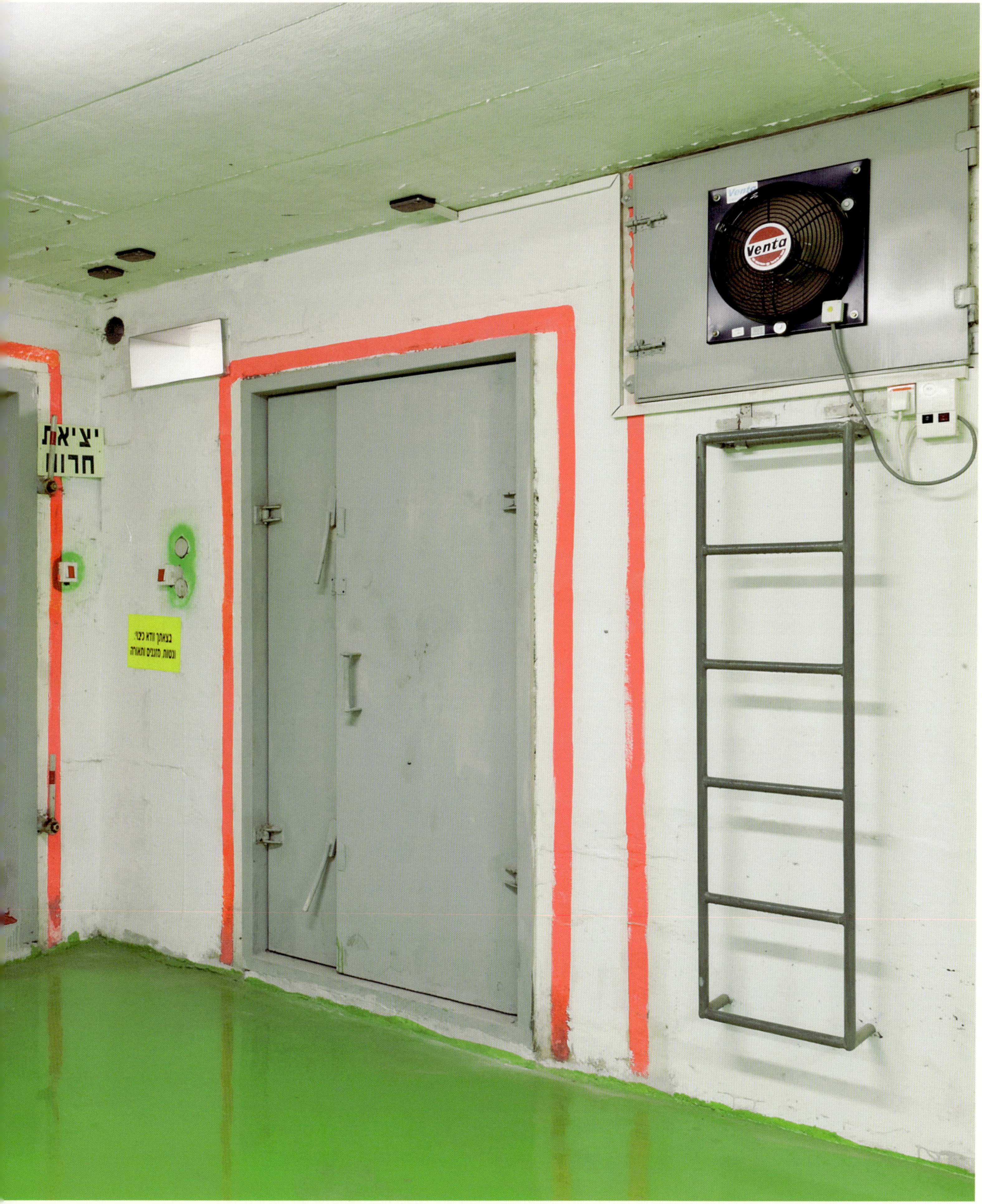
יציאת
חרום
בצאתך וודא כבוי:
Venta

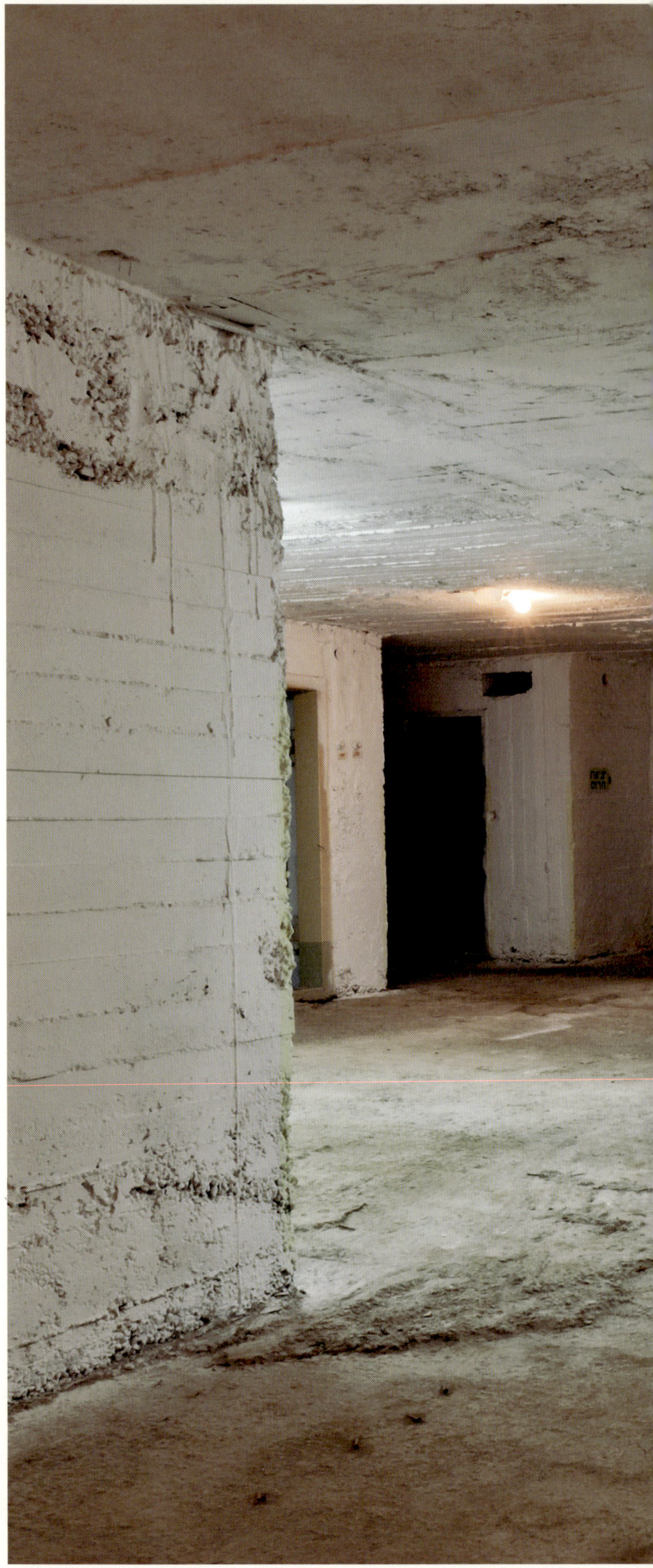

Wohnhausanlage
West-Jerusalem

שיכון
ירושלים המערבית

Apartment complex
West Jerusalem

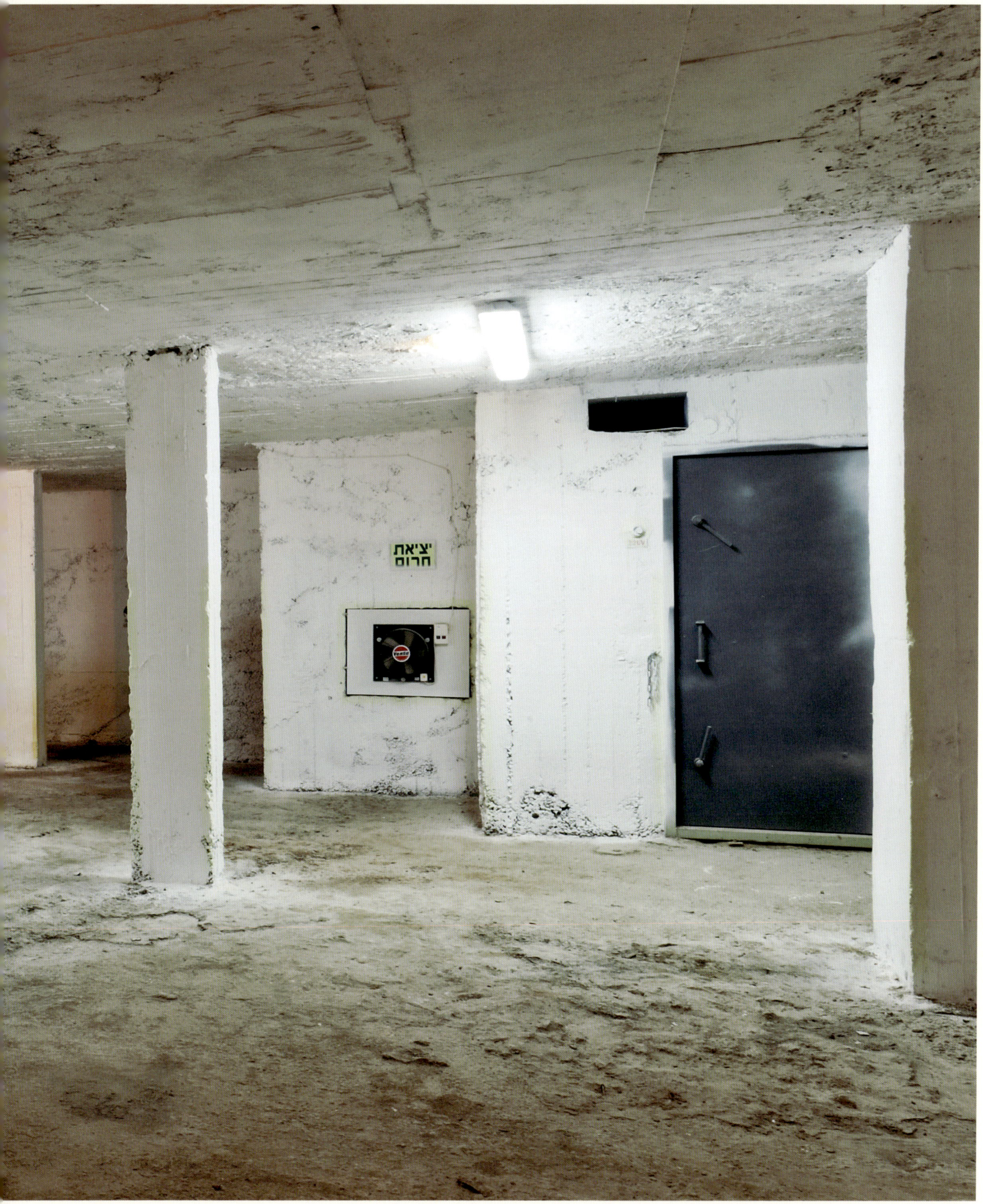
יציאת
חרום

Wohnhausanlage
Kiryat Shmona

שיכון
קריית שמונה

Apartment complex
Kiryat Shmona

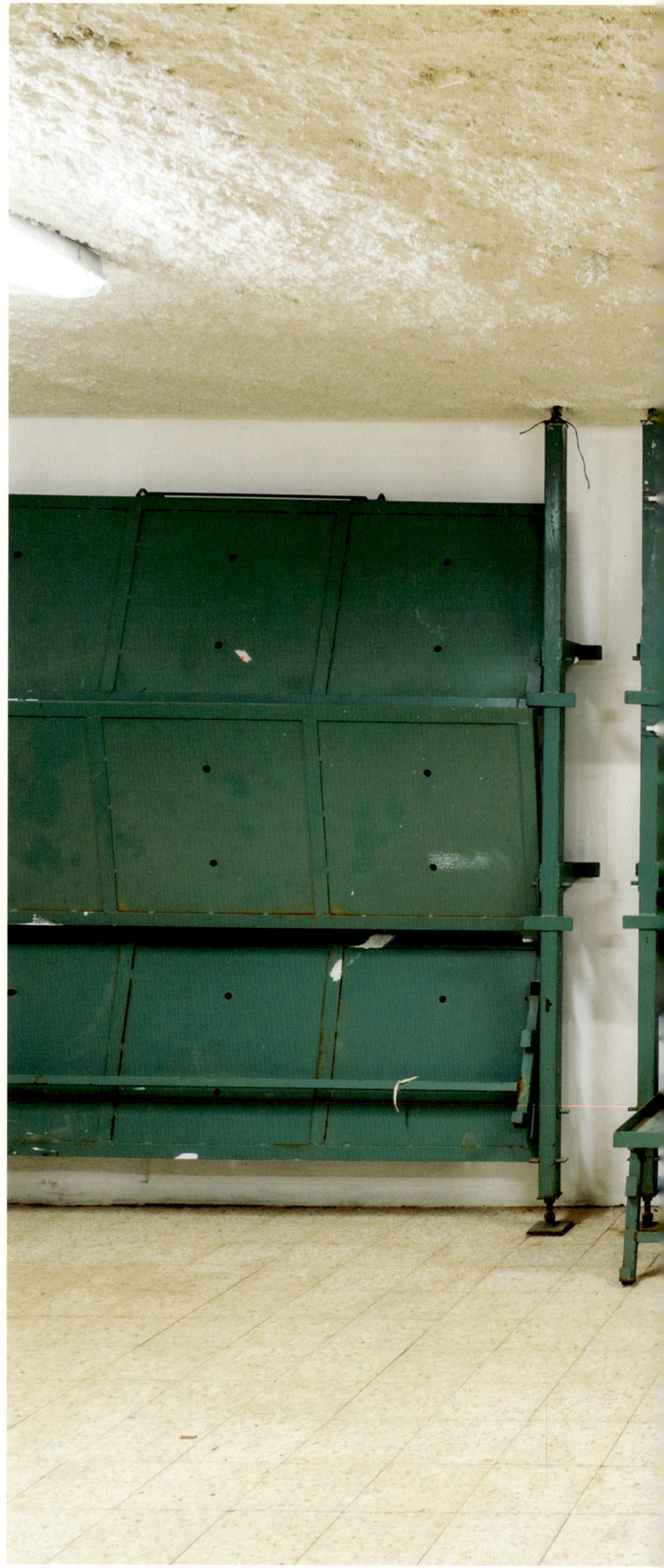

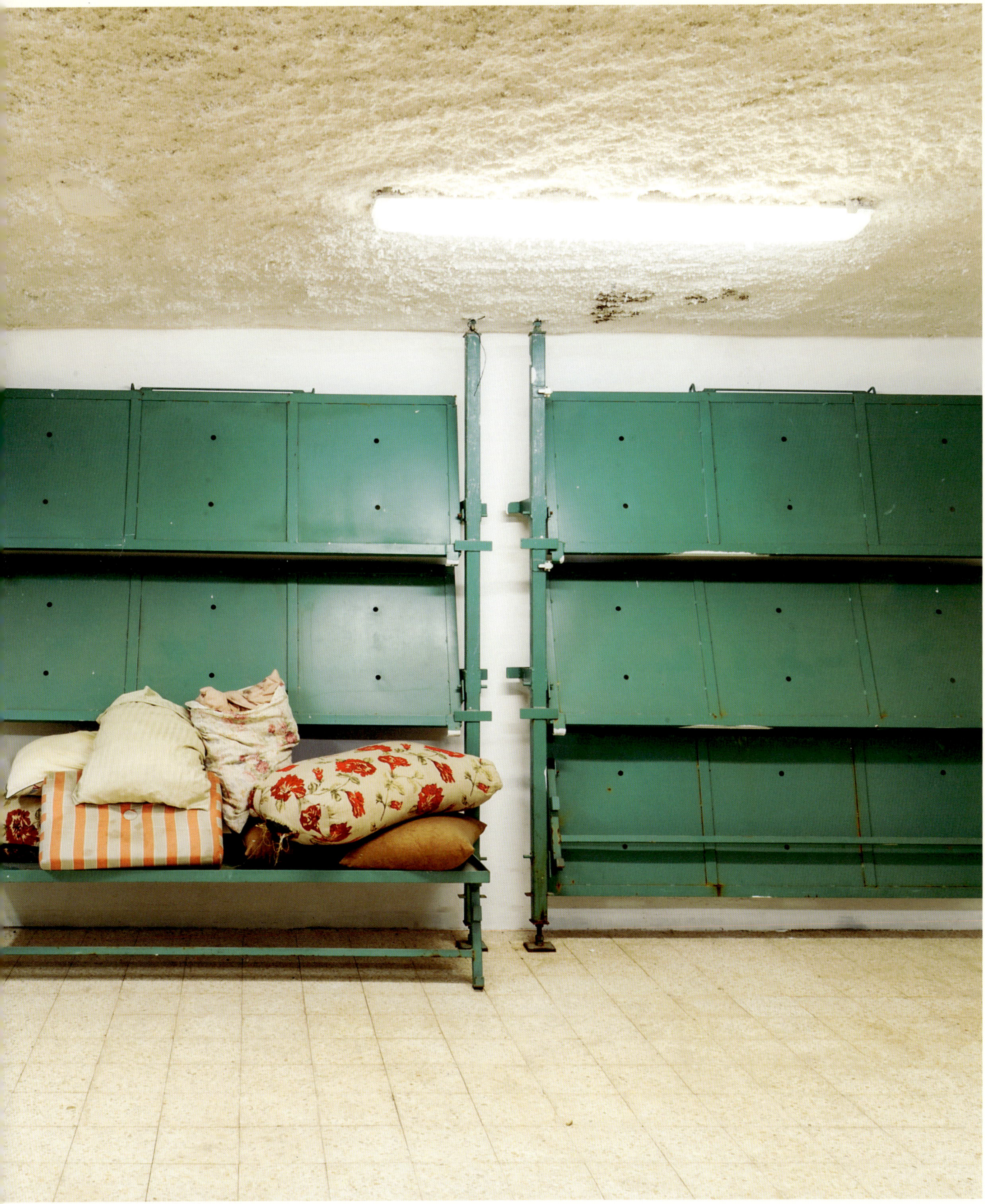

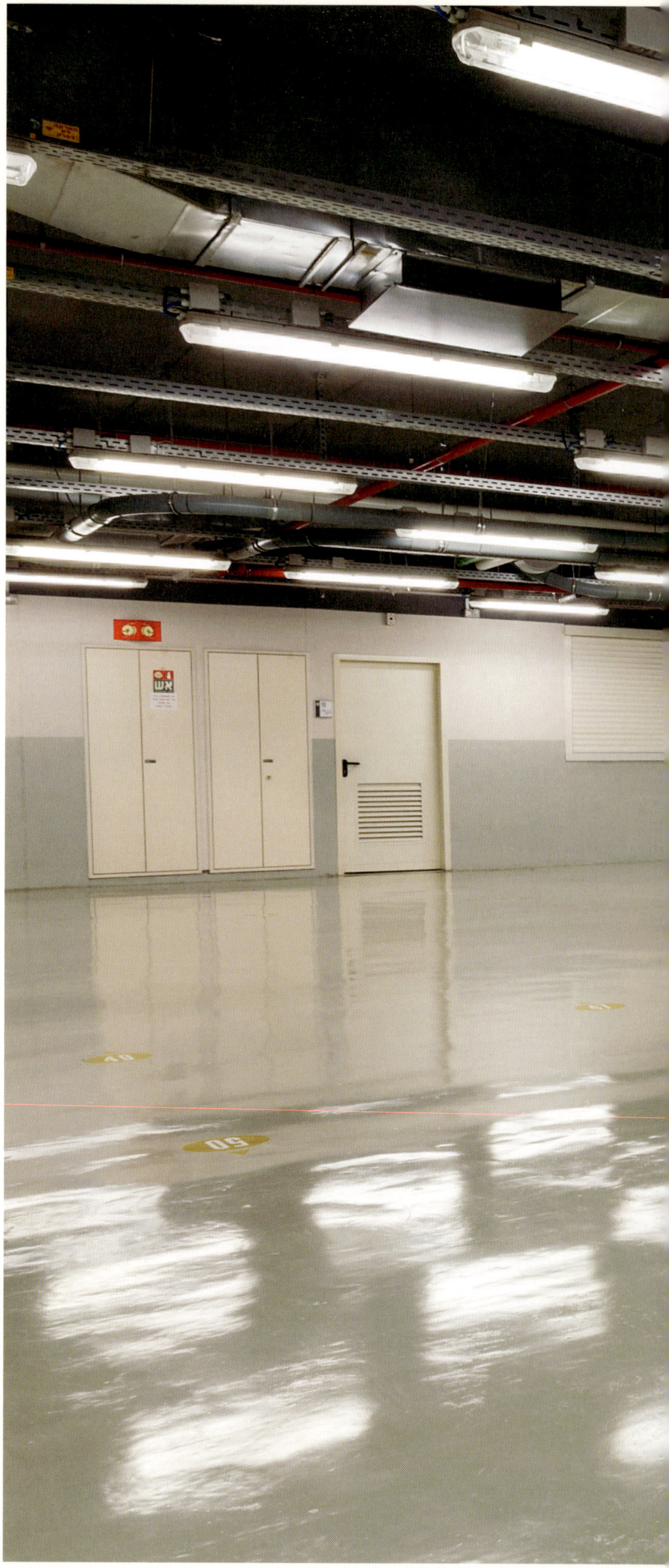

Unterirdisches Notfallkrankenhaus Sammy Ofer
Tel Aviv

בית חולים תת-קרקעי למצב חירום ע"ש סמי עופר
תל אביב

Sammy Ofer Fortified Underground Emergency Hospital
Tel Aviv

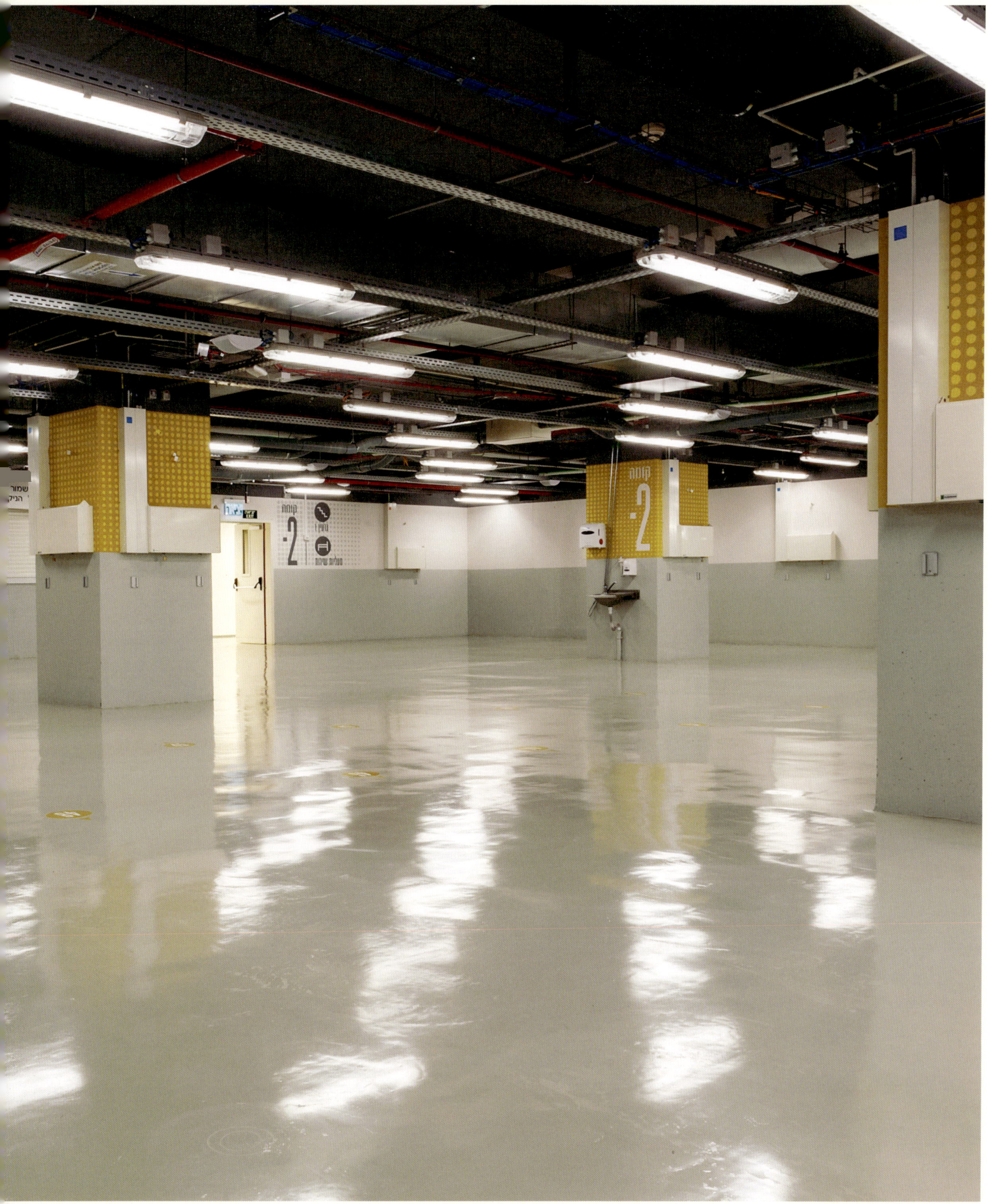
קומה
-2
קומה
-2

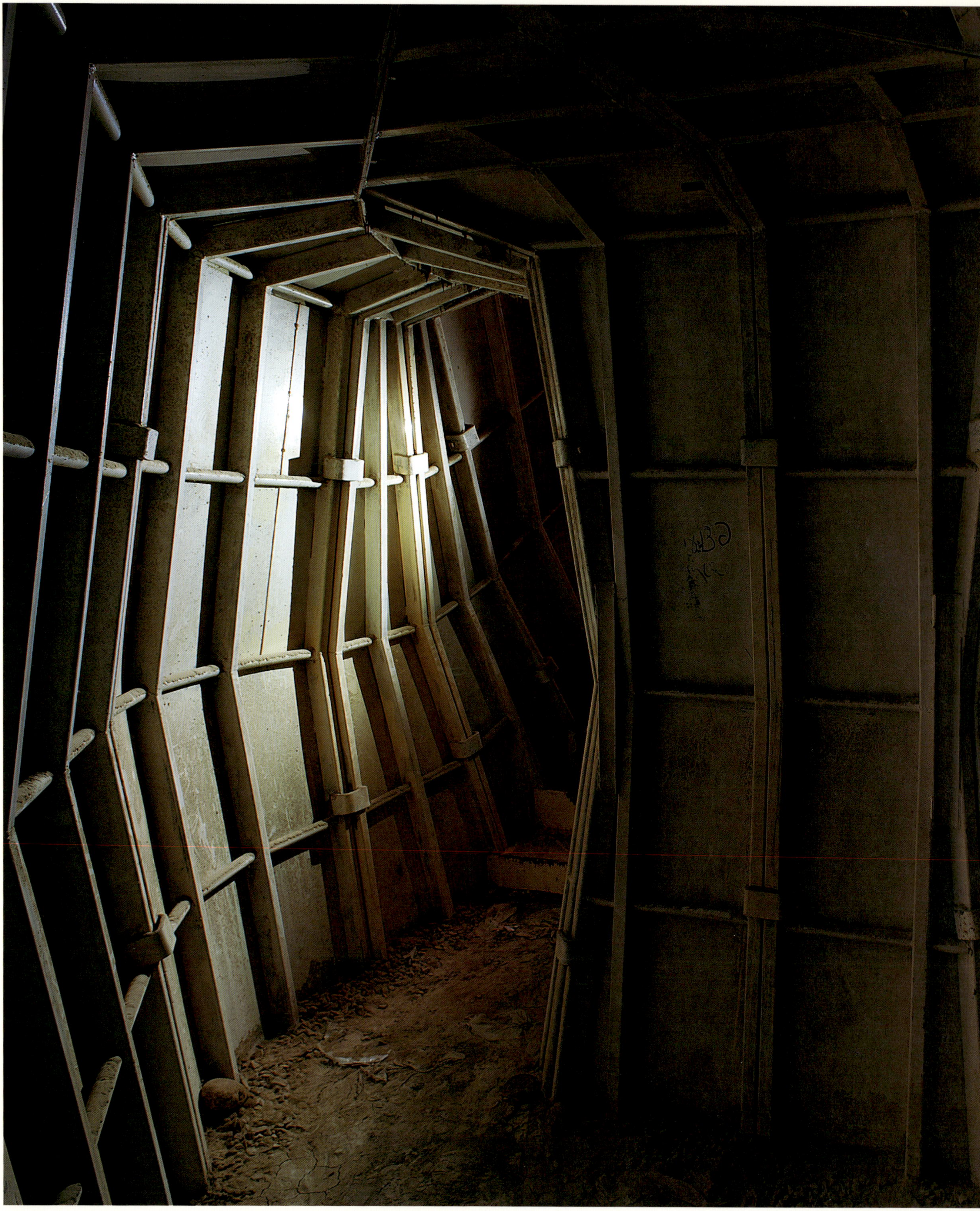

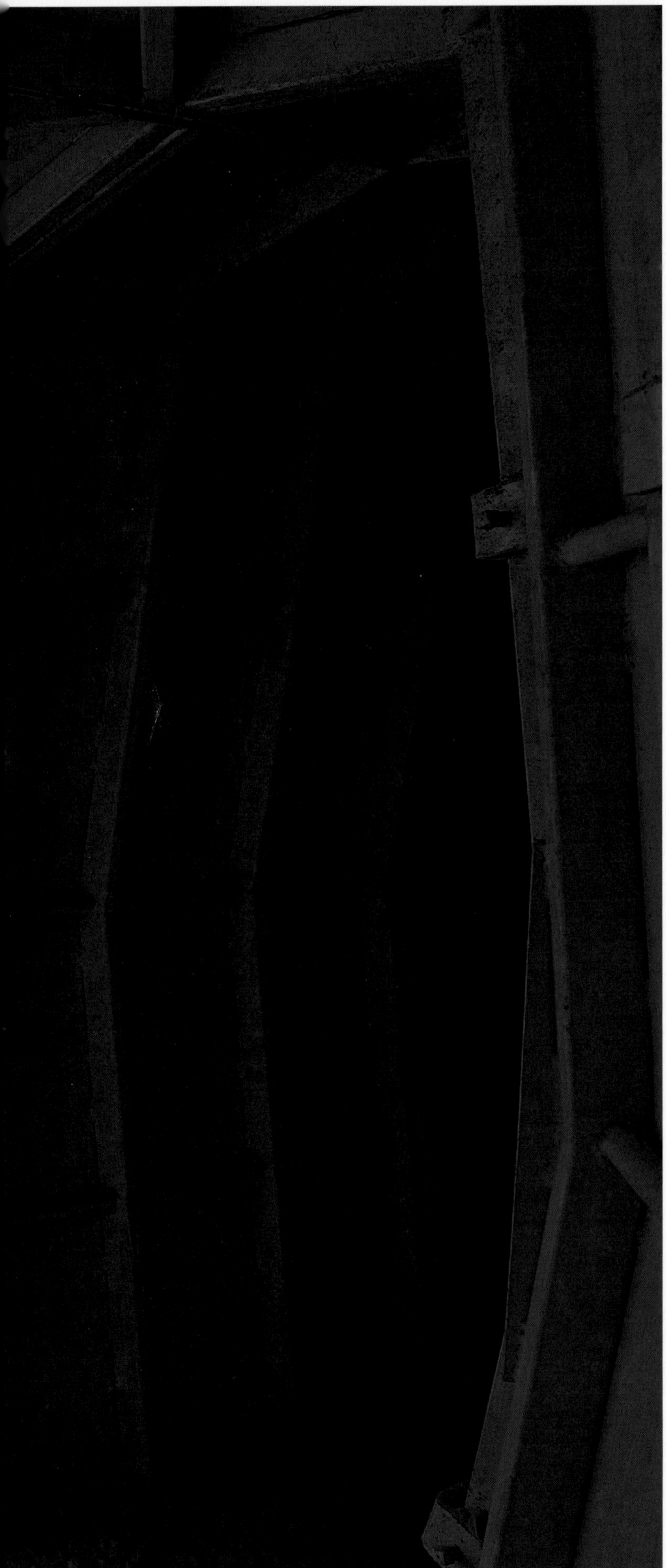

Verlassener israelischer Militärbunker
Landstraße 1, südlich von Jericho
Westjordanland

מוצב ישראלי שנזנח, סמוך לכביש מספר 1
בפאתיה הדרומיים של העיר יריחו
הגדה המערבית

Abandoned Israeli Military Bunker
Off of Route 1, just south of Jericho
West Bank

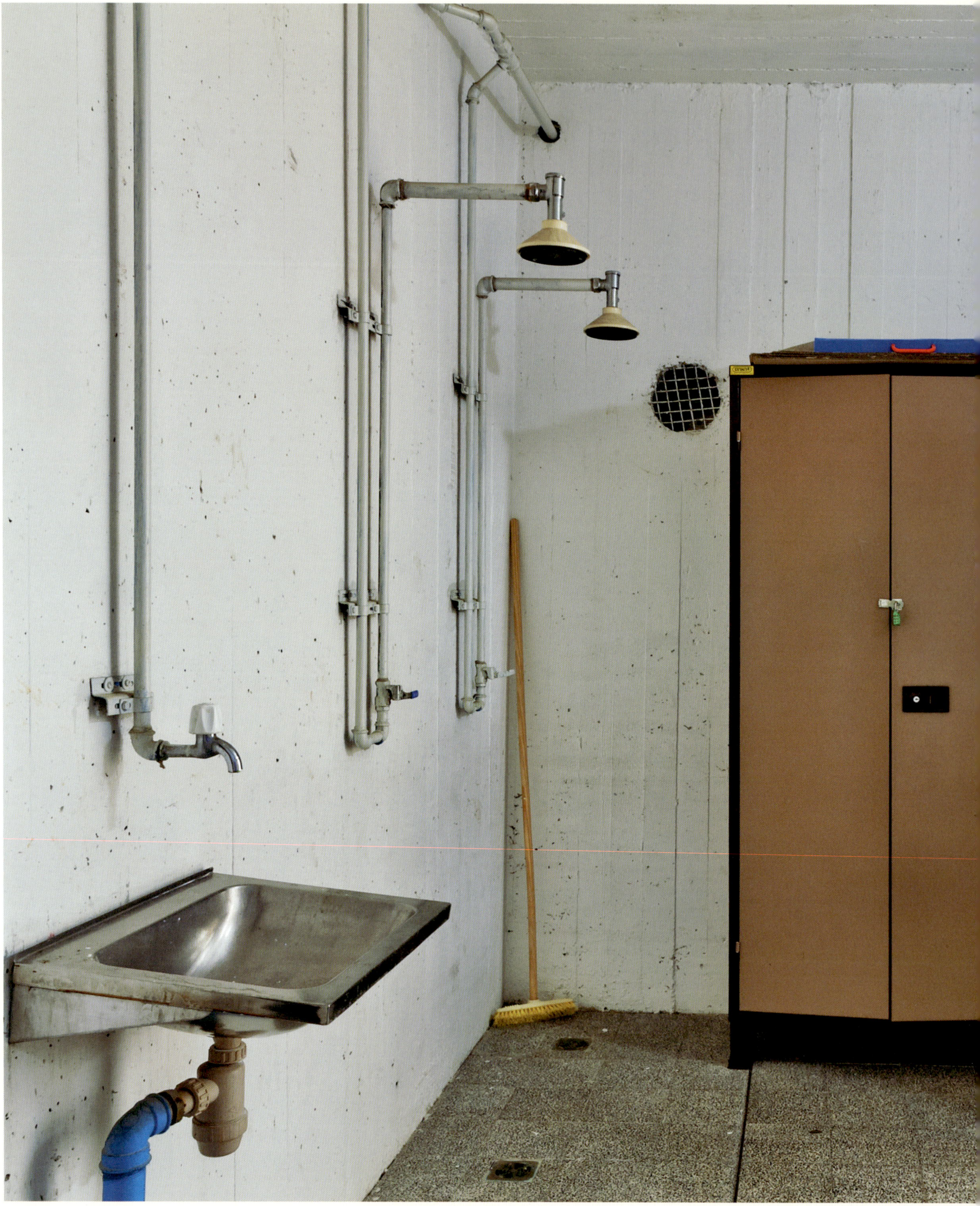

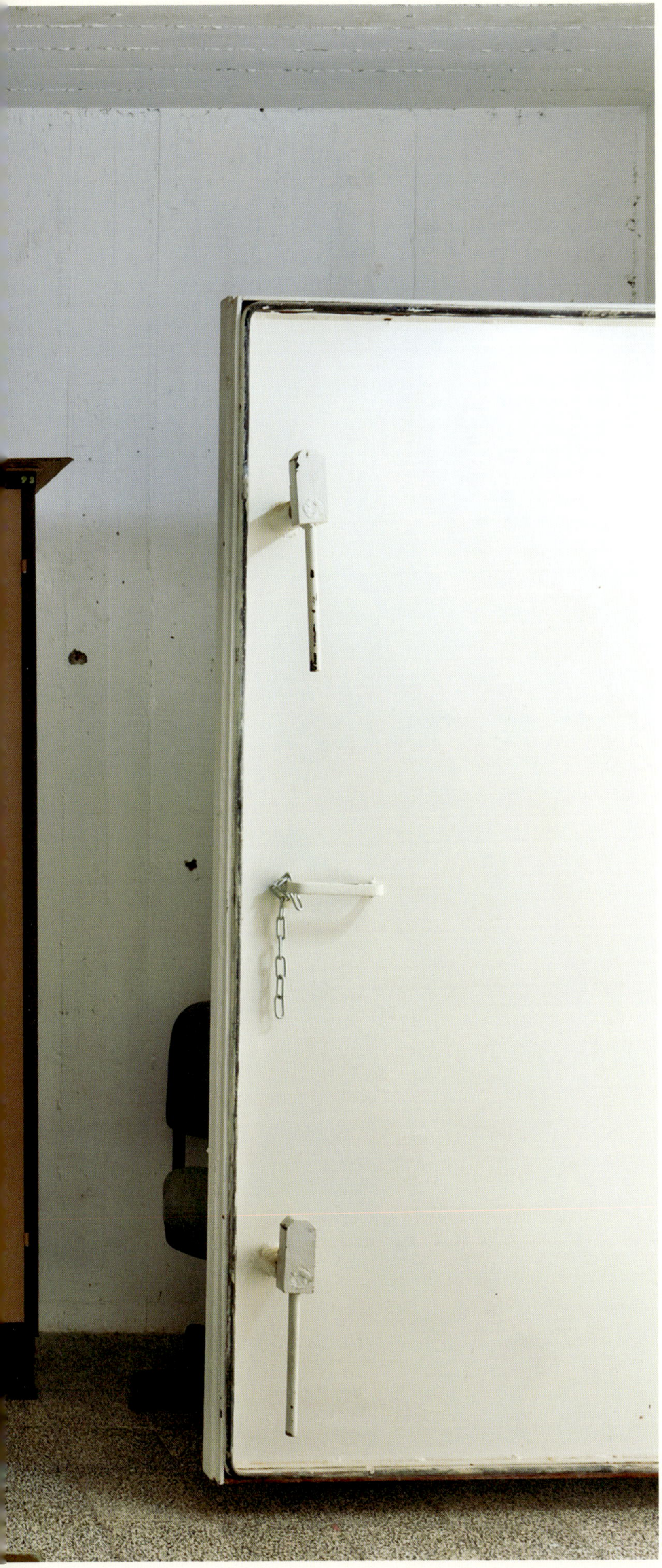

Waschraum
Knesset
Jerusalem

חדר מקלחות
הכנסת
ירושלים

Showers
Knesset
Jerusalem

Yeshiva
Otniel Siedlung
Westjordanland

ישיבת
ההתנחלות עתניאל
הגדה המערבית

Yeshiva
Otniel settlement
West Bank

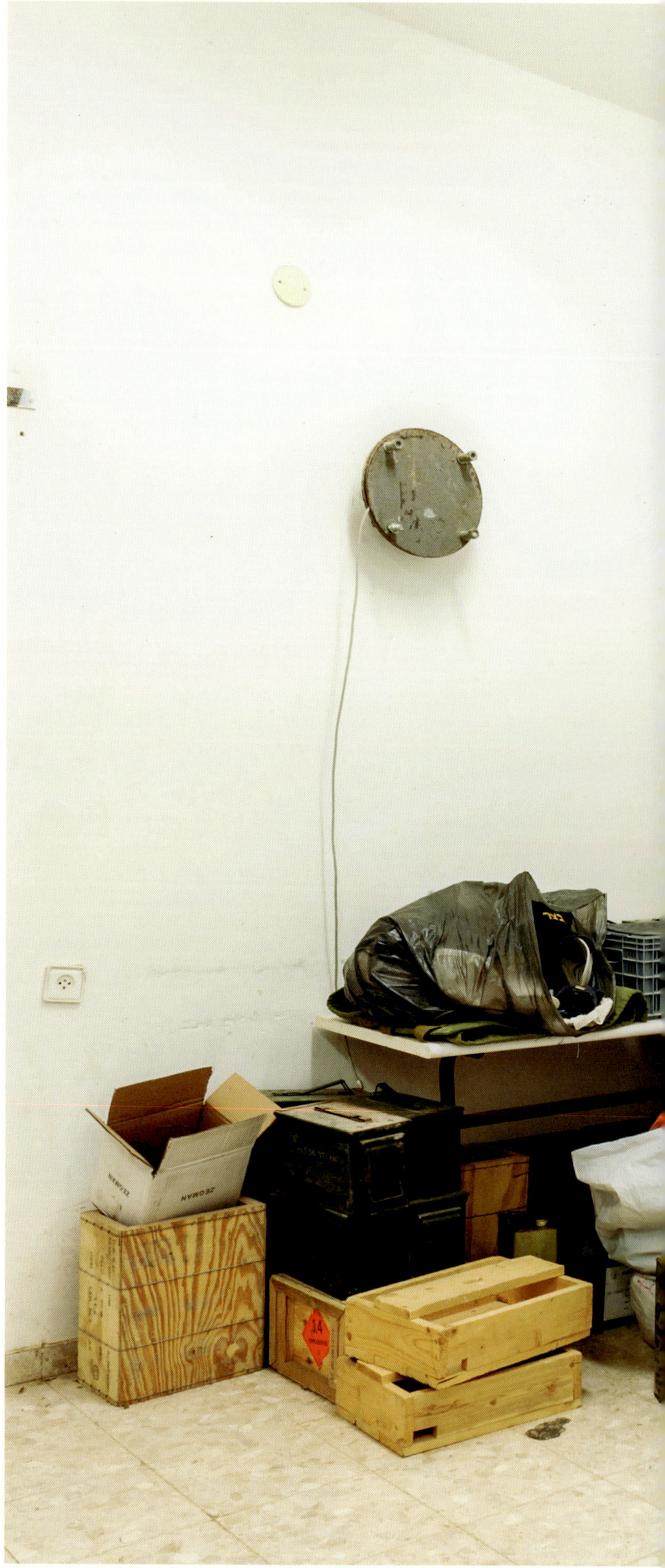

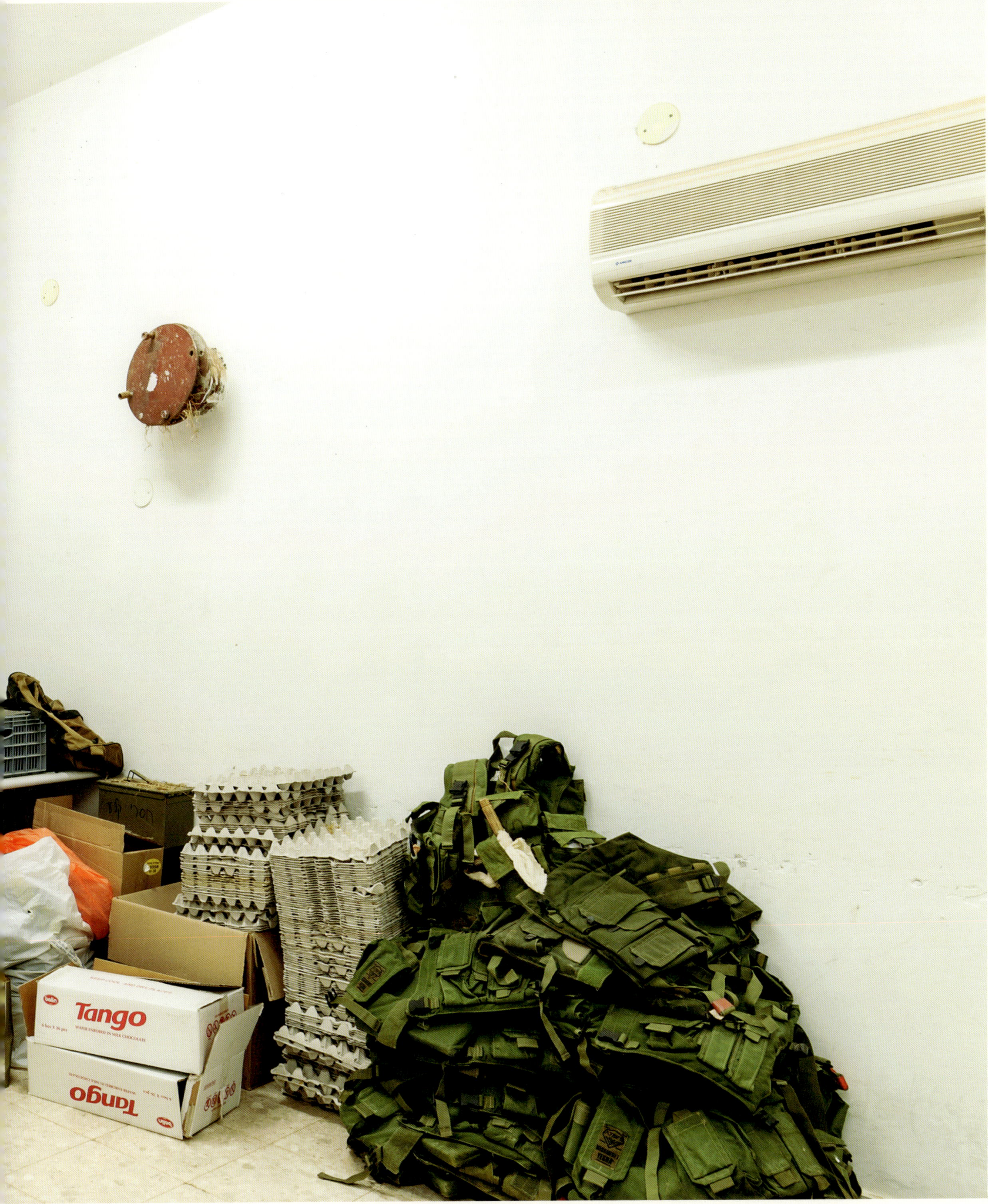

Tango
Tango

Wohnhausanlage
Kiryat Shmona

שיכון
קריית שמונה

Apartment complex
Kiryat Shmona

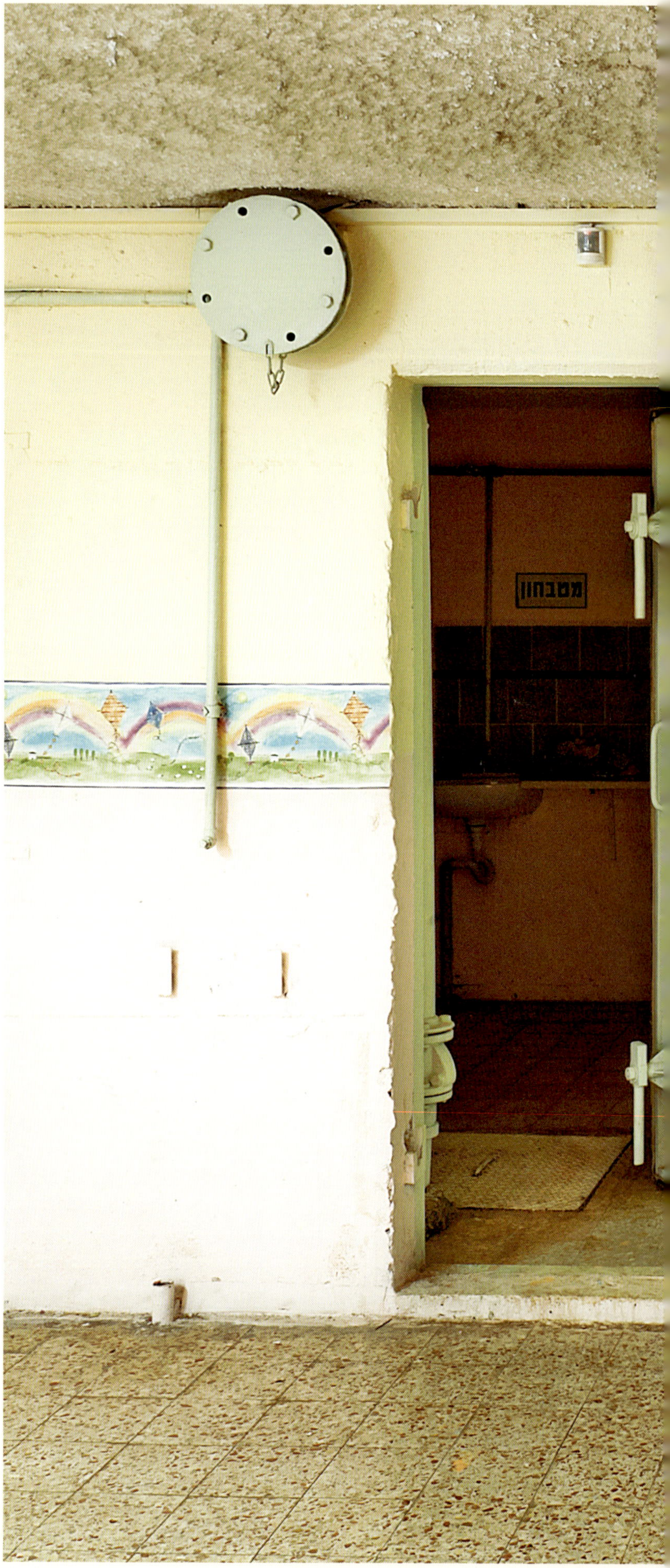

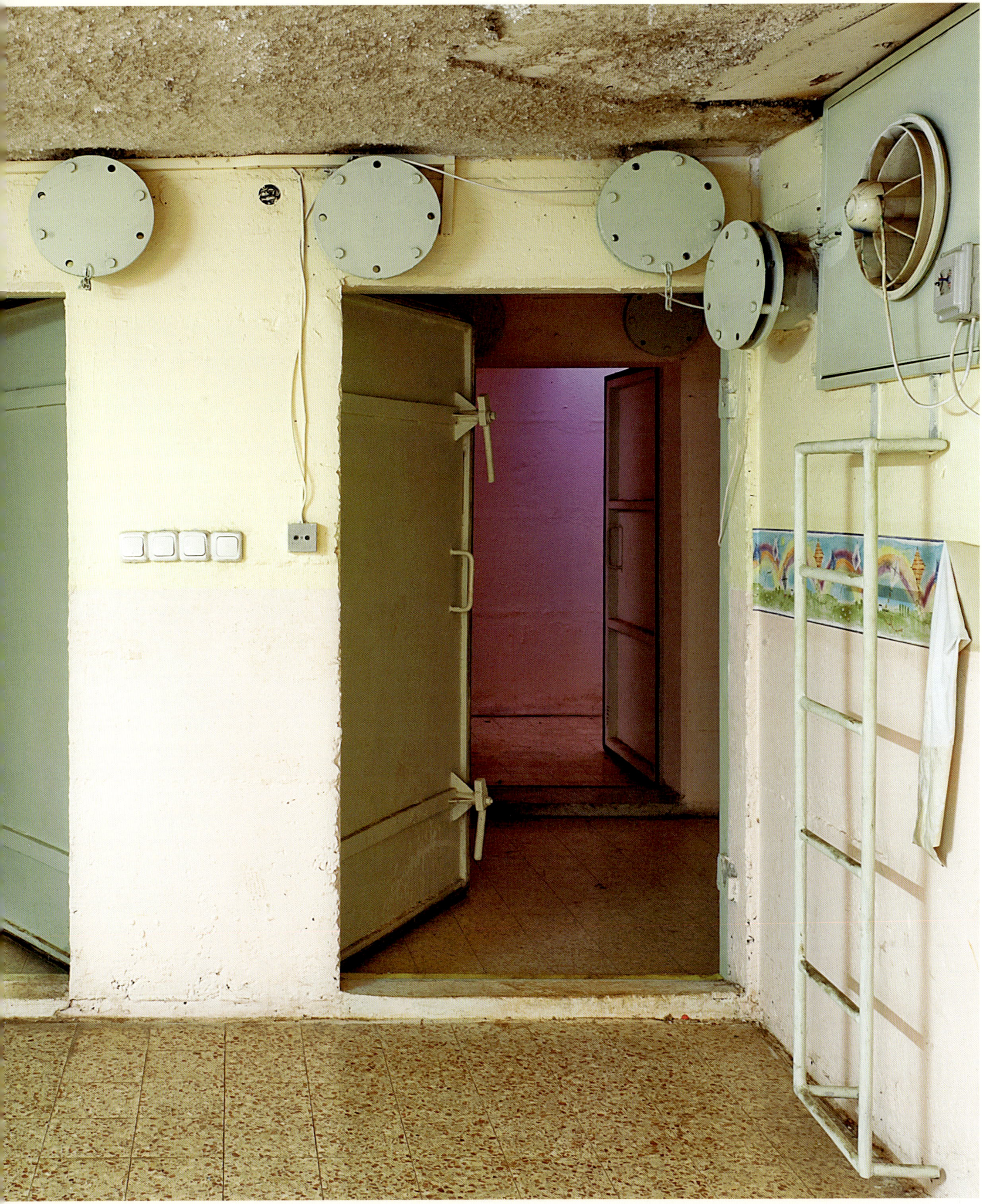

Bewehrter Betontunnel zwischen
Grundschule und Schutzraum
Kibbuz Dafna

מנהרת בטון מזוין בין
בית הספר היסודי לבין המקלט
קיבוץ דפנה

Reinforced concrete tunnel leading from a
primary school to an underground shelter
Kibbutz Dafna

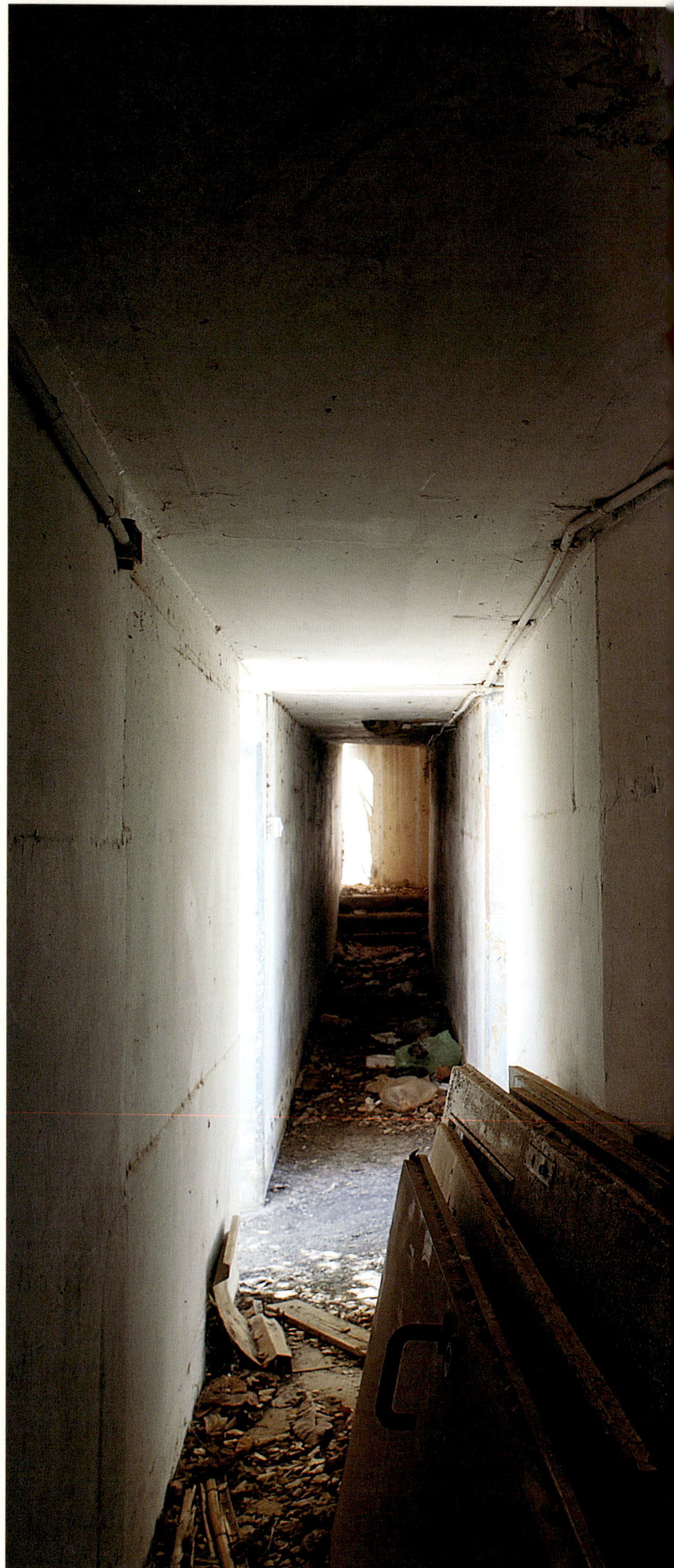

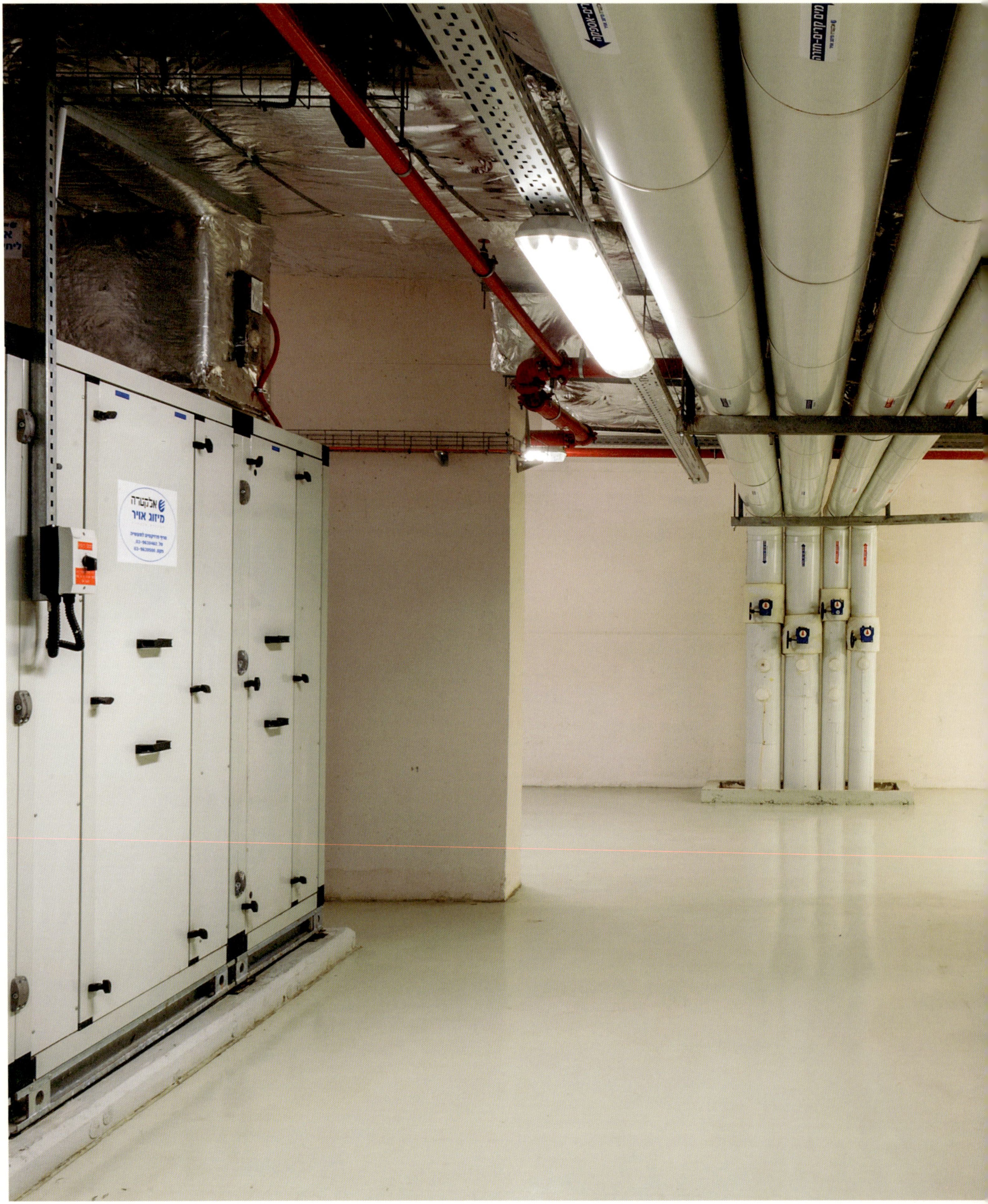
אלקטורה
מיזוג אויר

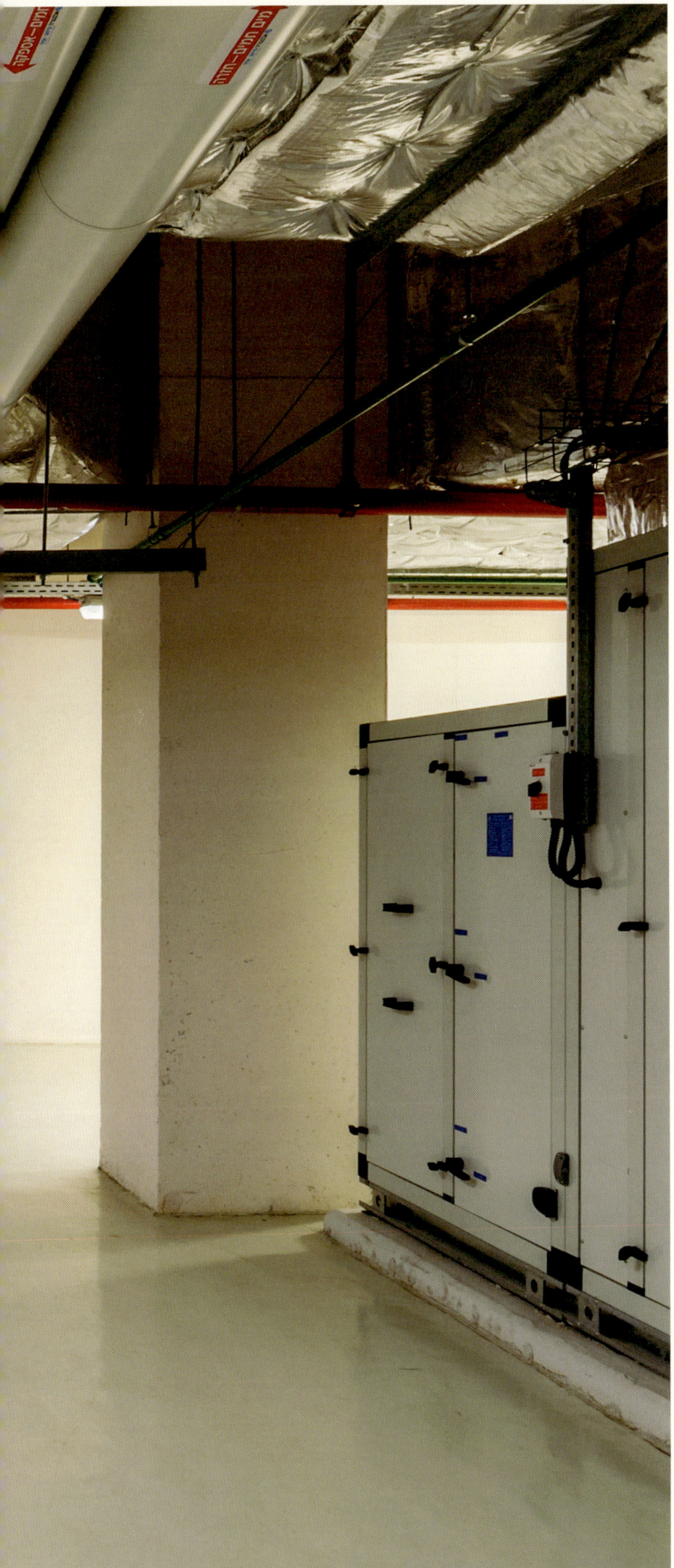

Unterirdisches Notfallkrankenhaus Sammy Ofer
Tel Aviv

בית חולים תת-קרקעי למצב חירום ע"ש סמי עופר
תל אביב

Sammy Ofer Fortified Underground Emergency Hospital
Tel Aviv

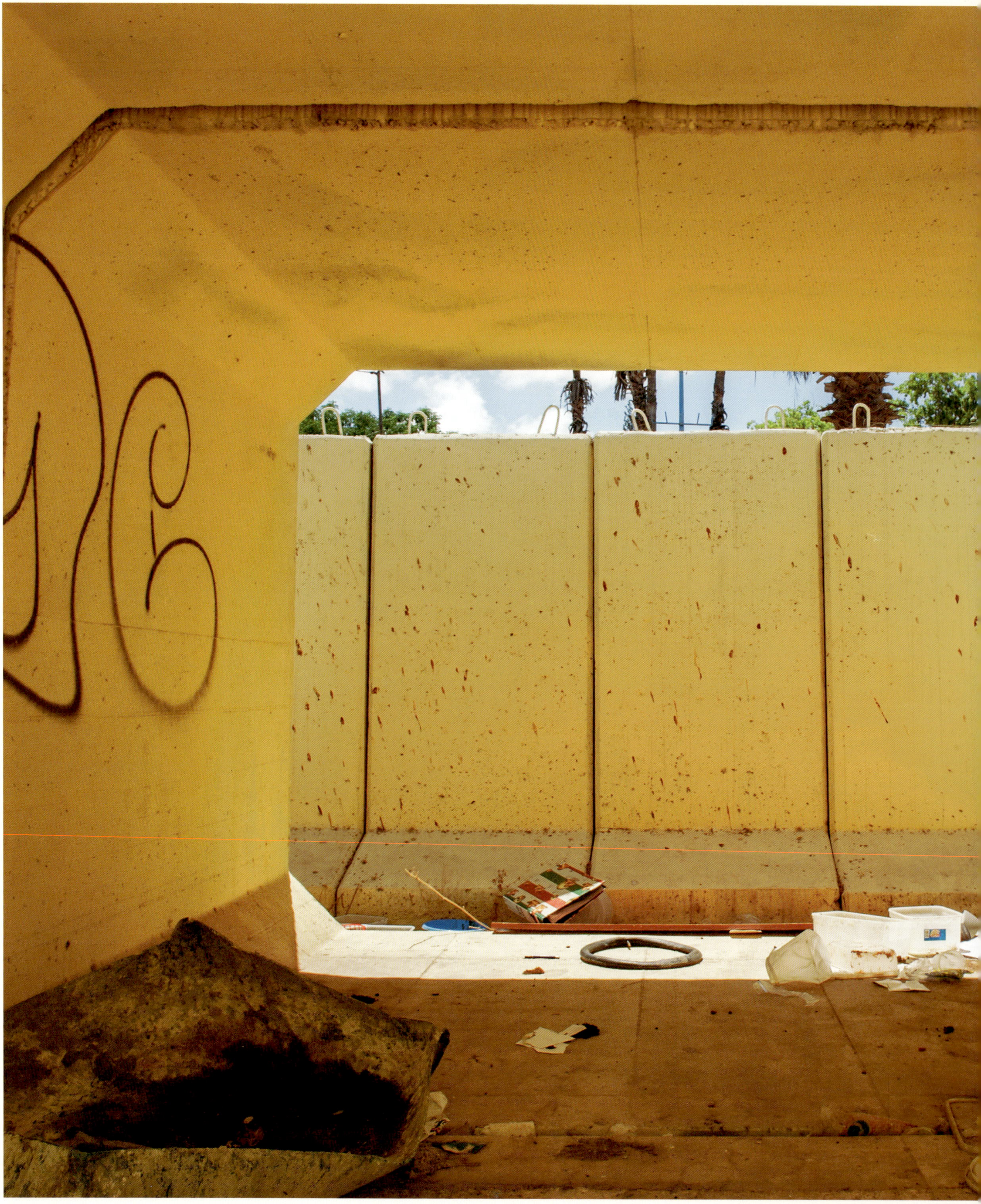

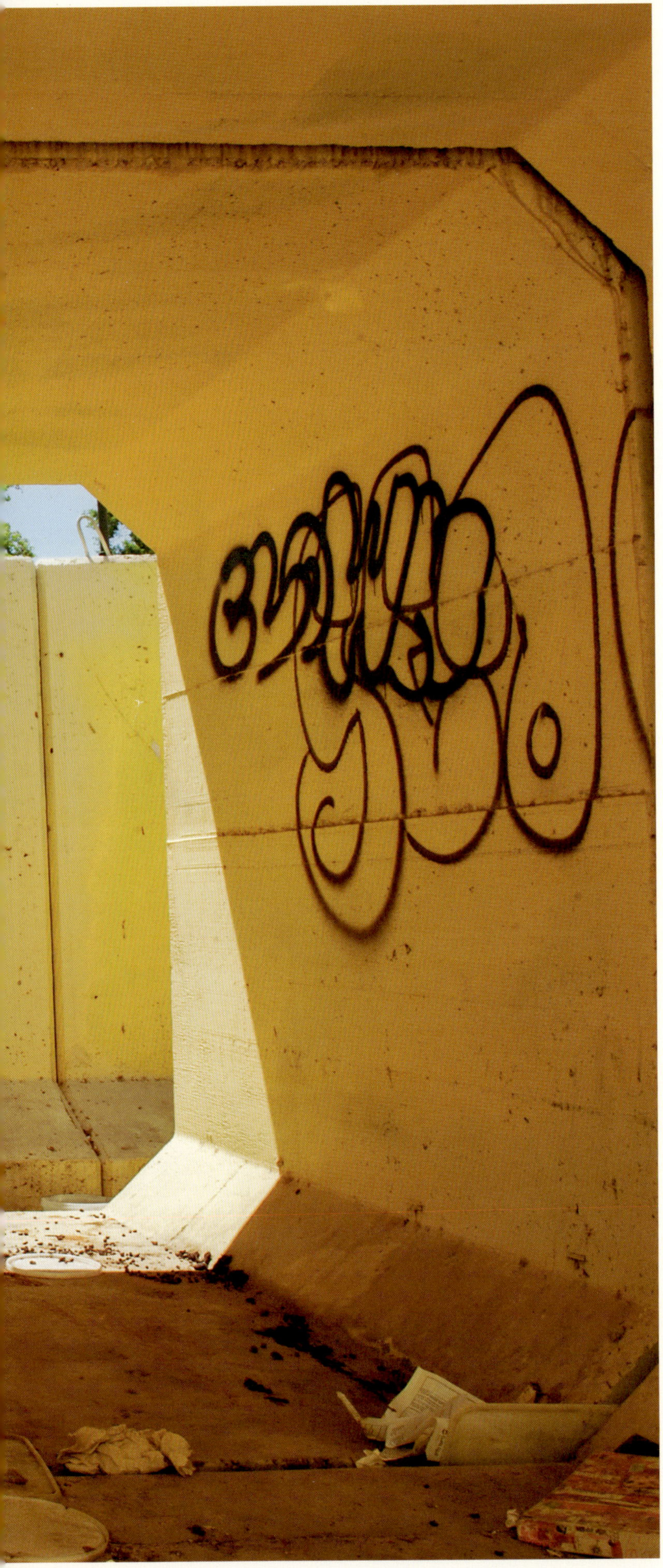

Oberirdischer Schutzraum
Stadtzentrum
Sderot

מקלט מעל לפני הקרקע
מרכז העיר
שדרות

Open air shelter
Downtown
Sderot

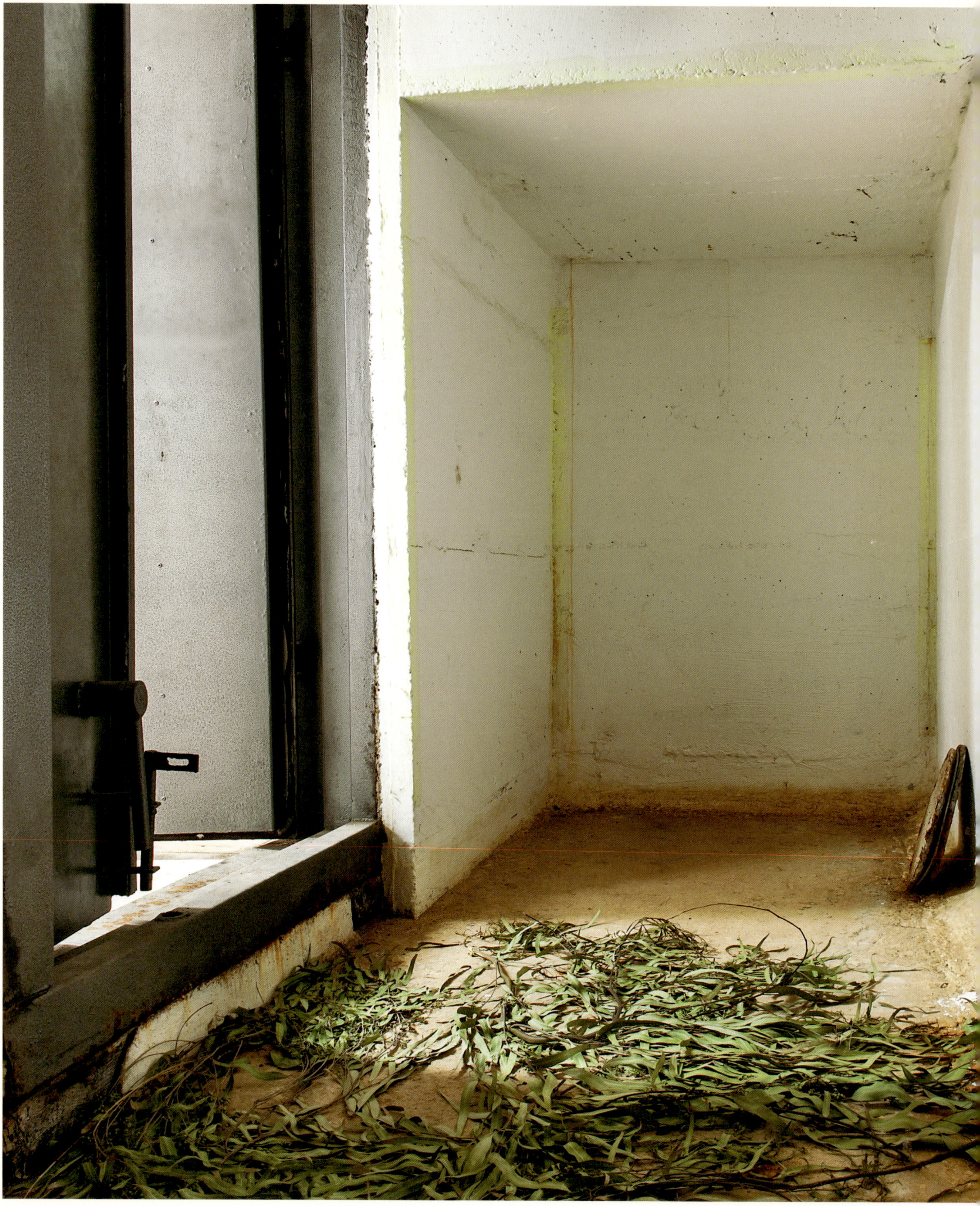

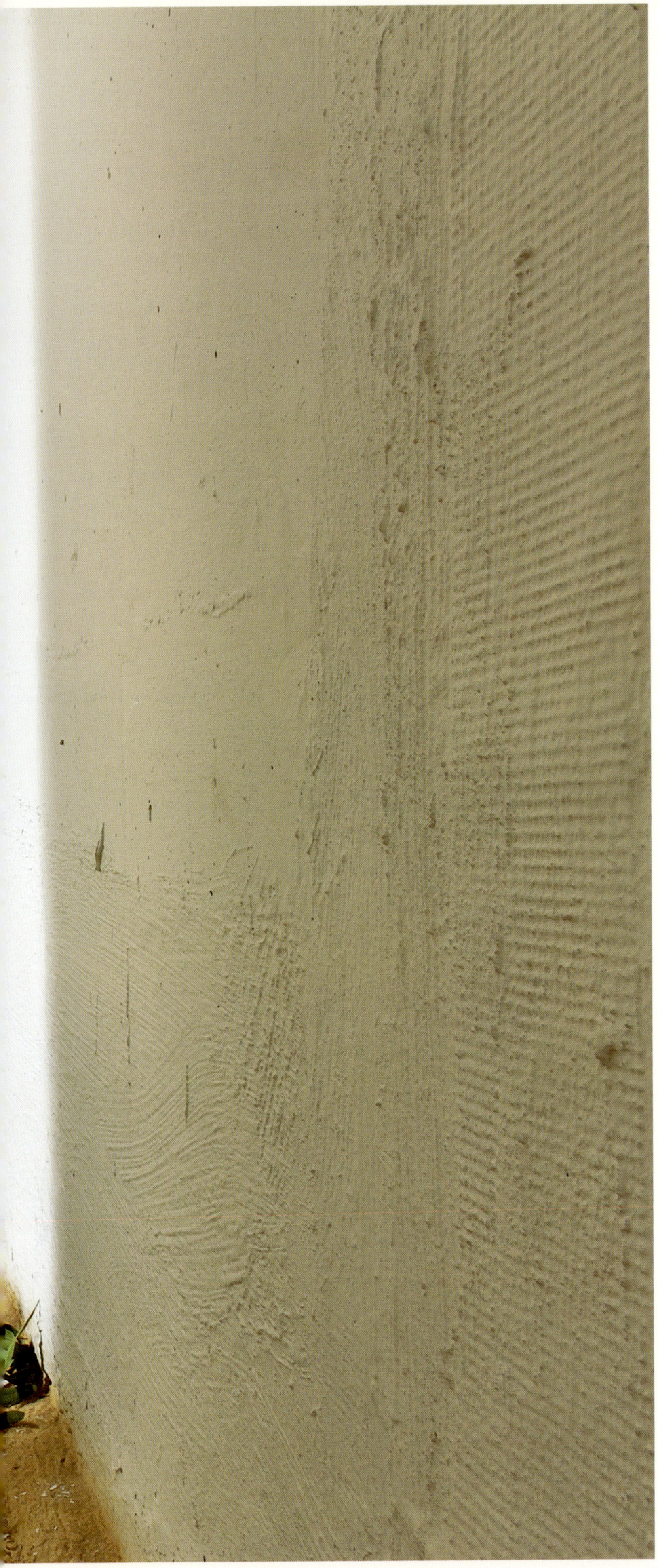

Öffentlicher Schutzraum
Ein Zivan
Golanhöhen

מקלט ציבורי
היישוב עין זיוון
רמת הגולן

Public shelter
Ein Zivan
Golan Heights

Unterirdisches Notfallkrankenhaus Sammy Ofer
Tel Aviv

בית חולים תת-קרקעי למצב חירום ע"ש סמי עופר
תל אביב

Sammy Ofer Fortified Underground Emergency Hospital
Tel Aviv

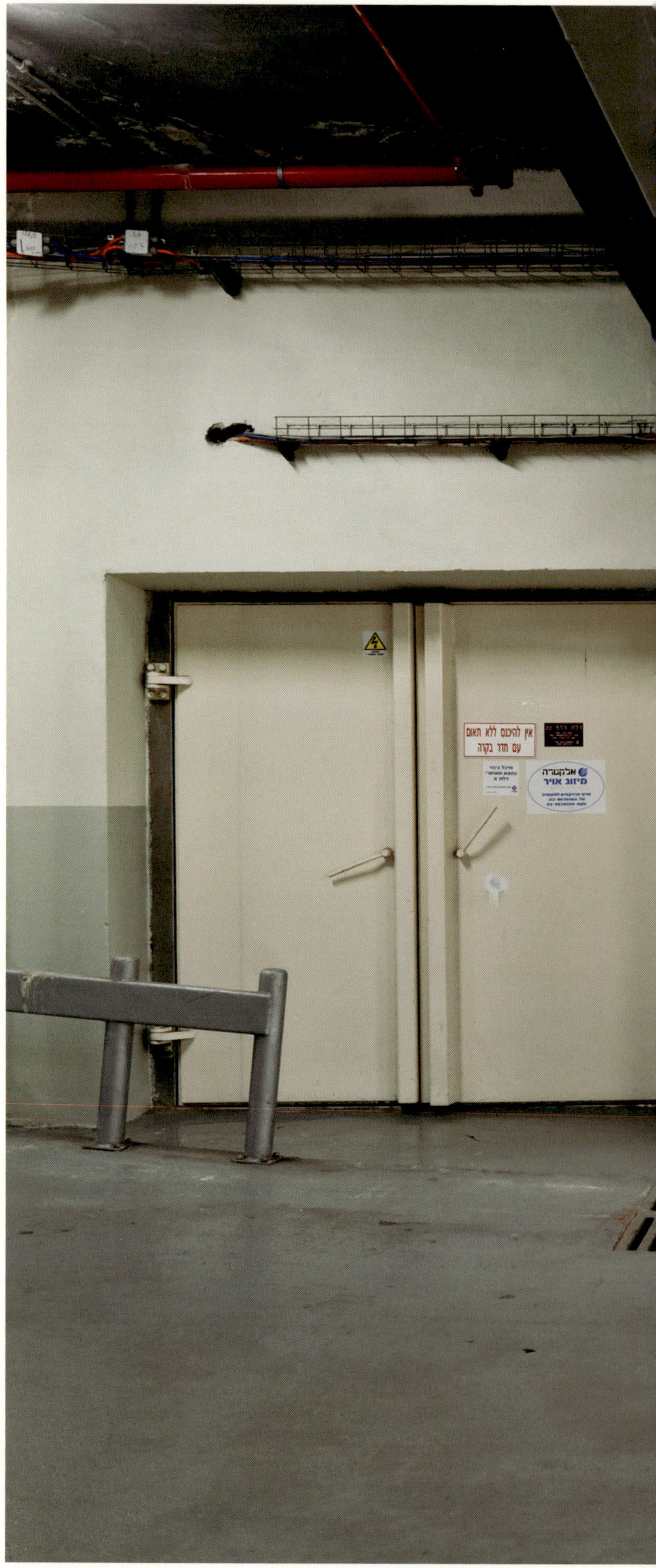

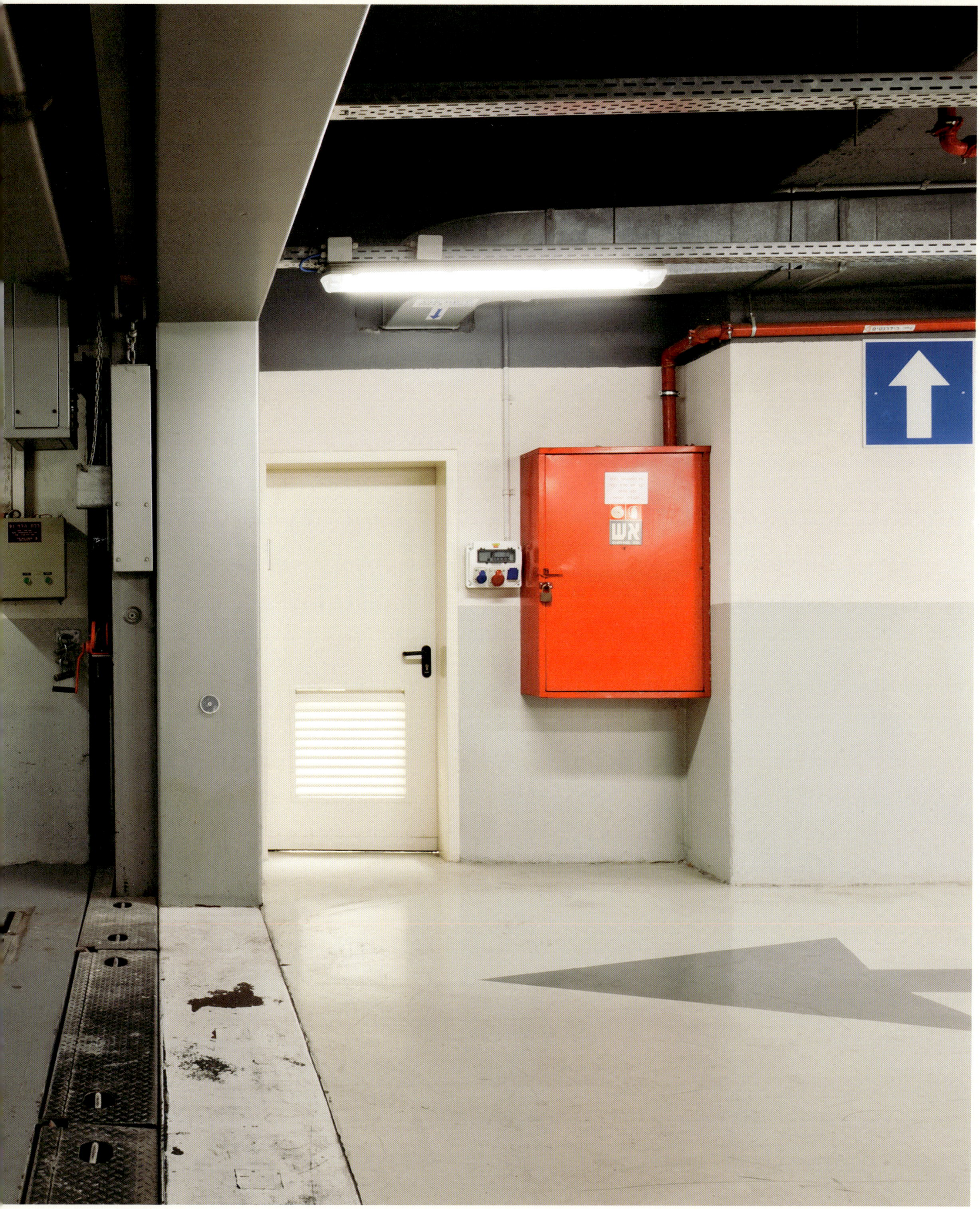
אש

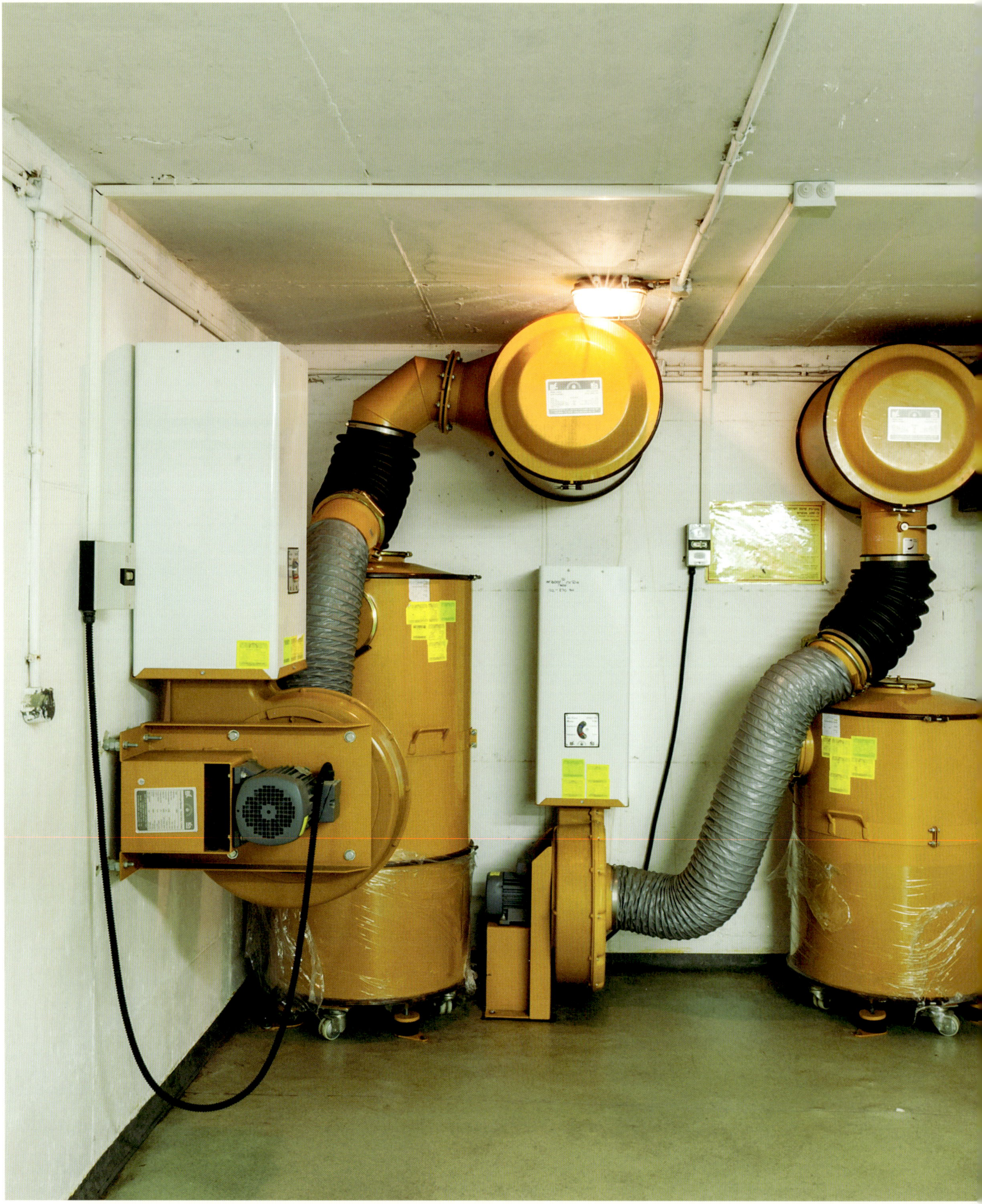

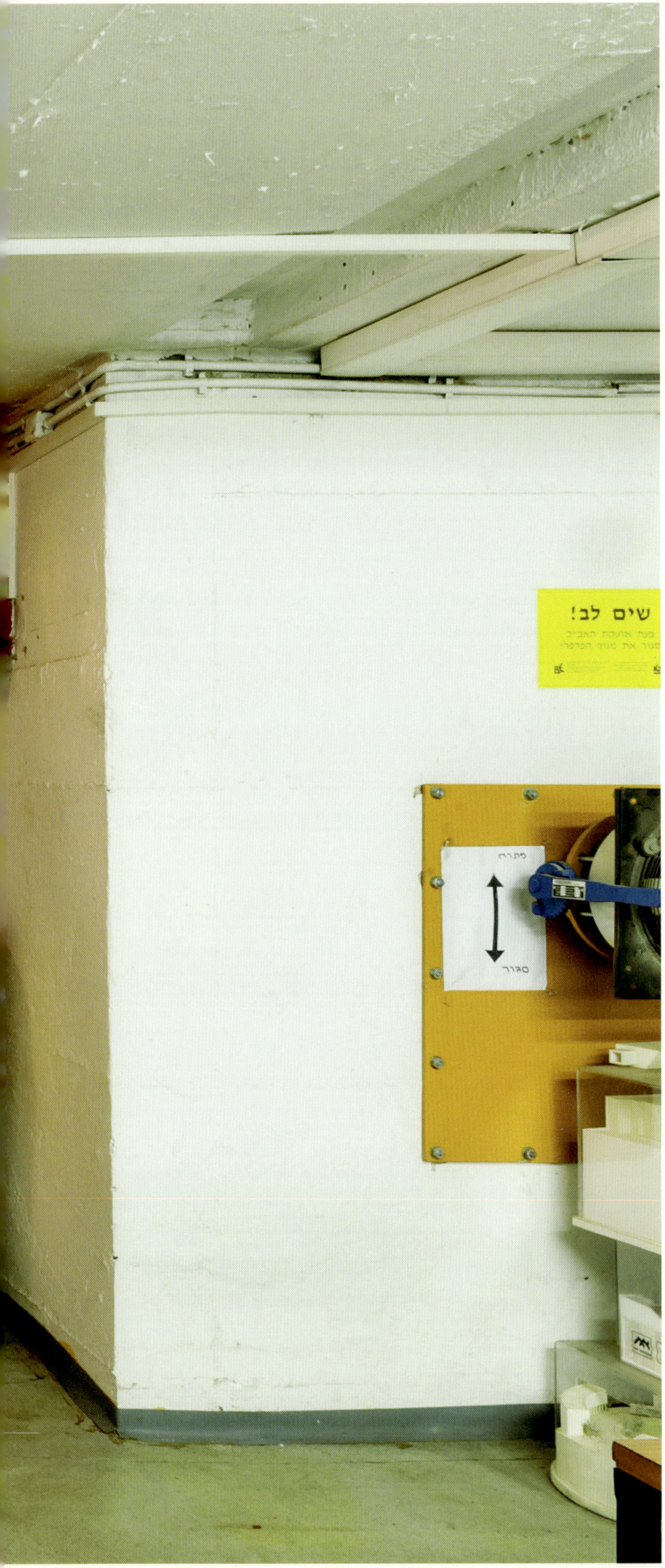

Luftfilteranlage
Verwaltungsgebäude
University of Haifa

מערכת לסינון אוויר
בניין המנהלה
אוניברסיטת חיפה

Air filtration system
Administrative building
University of Haifa

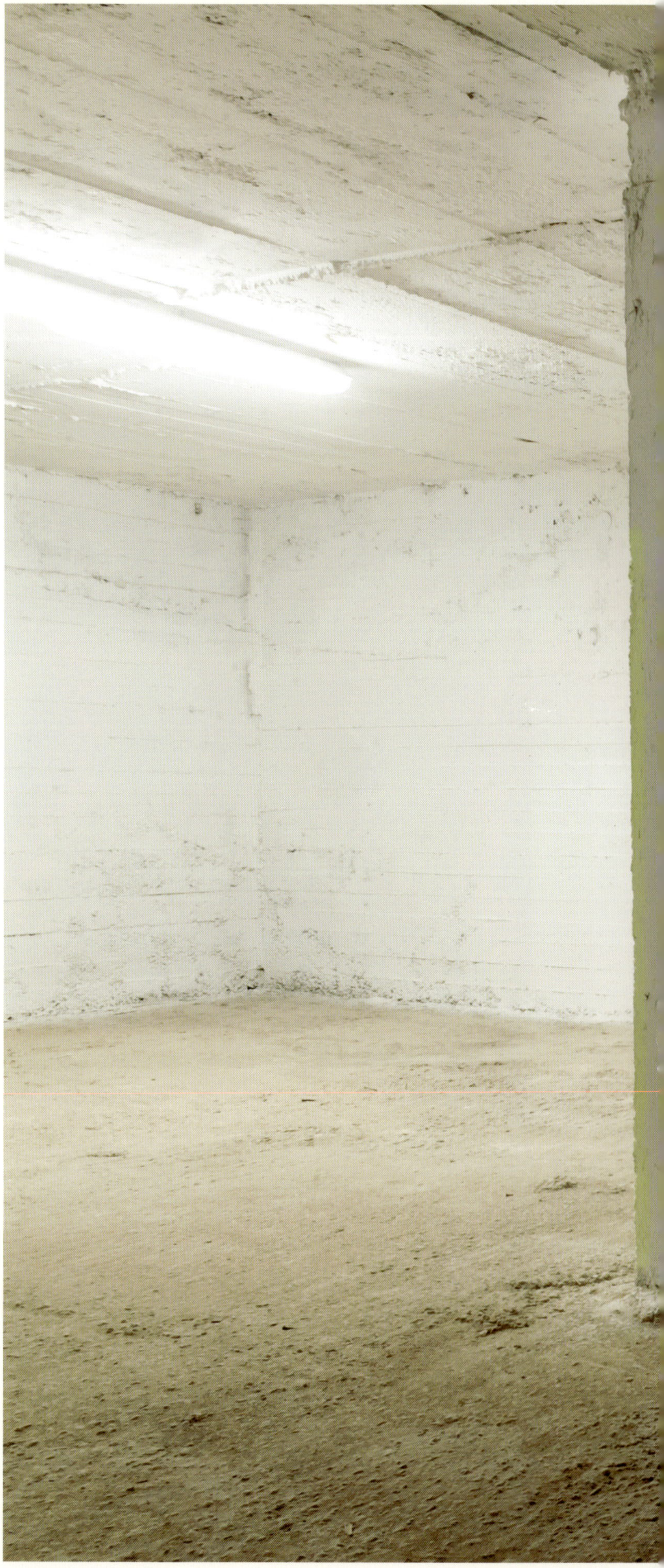

Wohnhausanlage
West Jerusalem

שיכון
ירושלים המערבית

Apartment complex
West Jerusalem

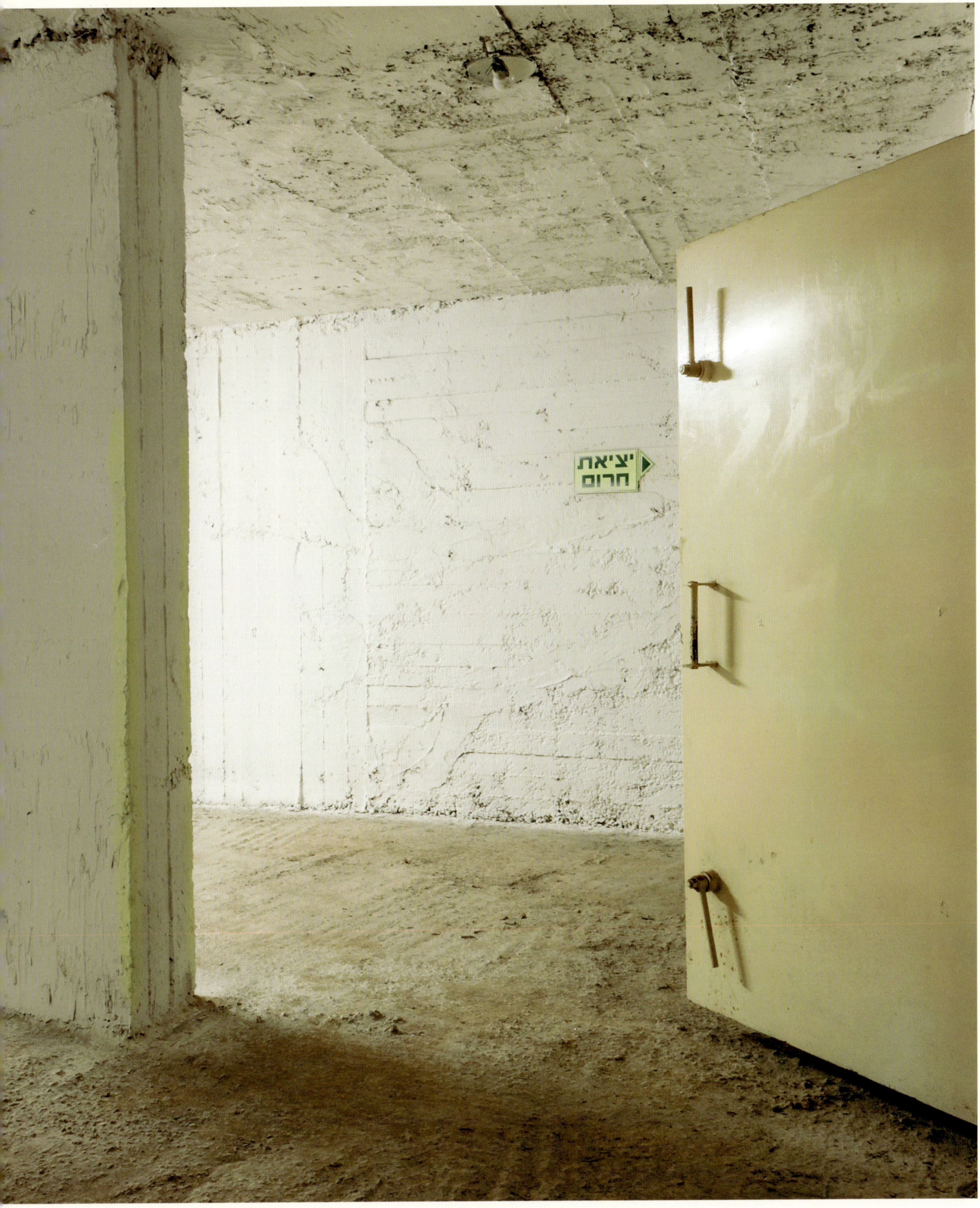

יציאת
חרום

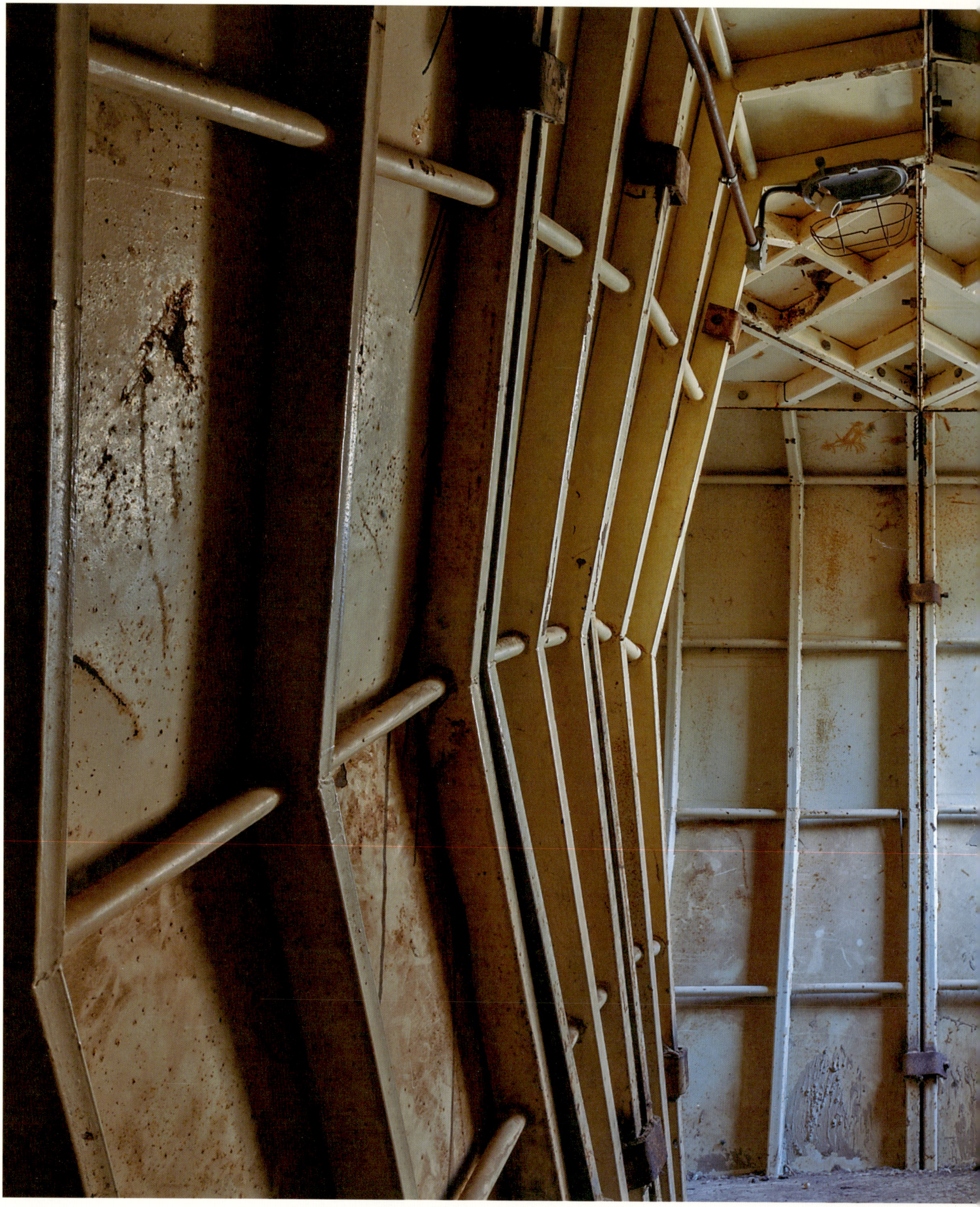

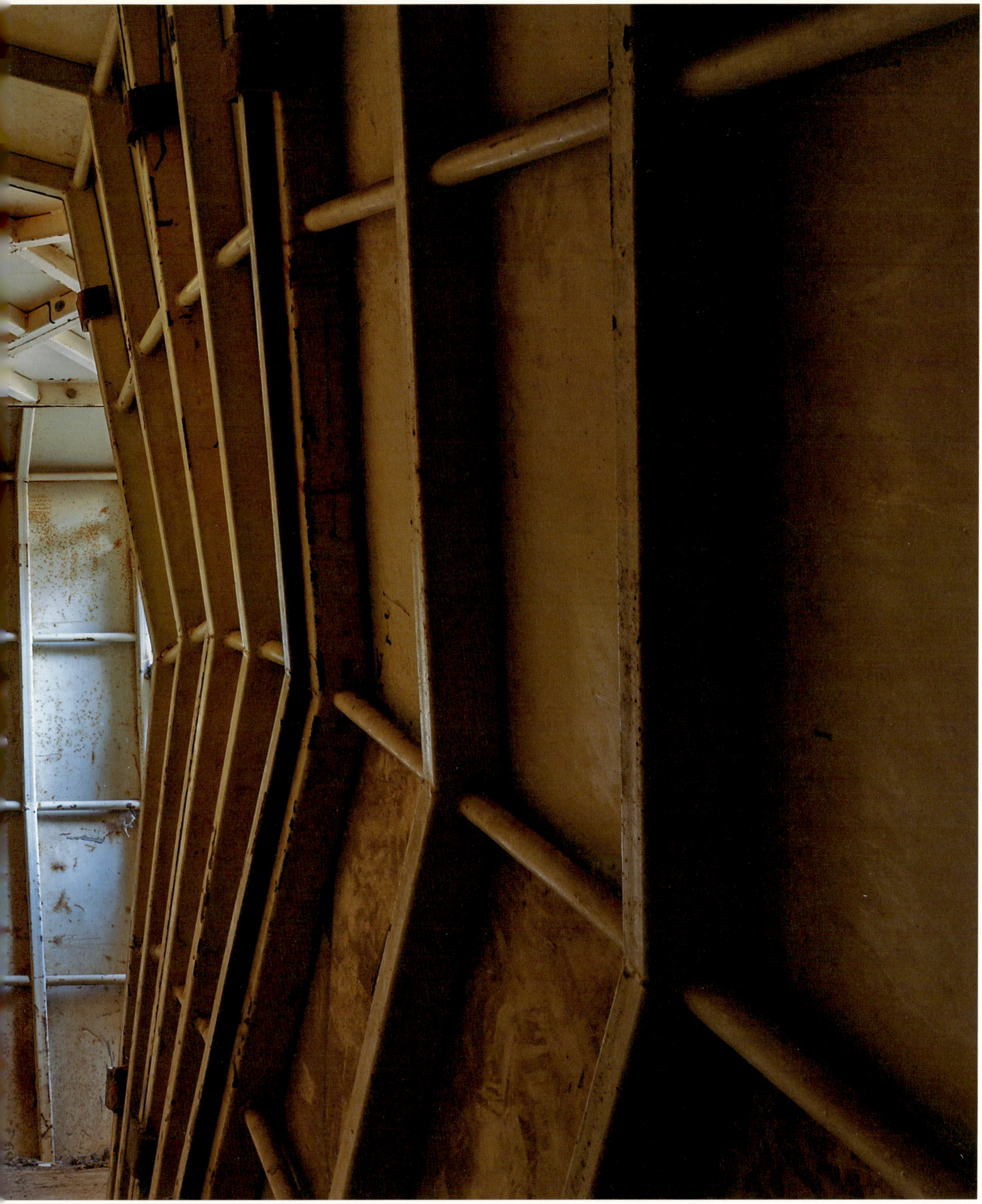

KOLOPHON

Idee und Konzept Adam Reynolds, Lois Lammerhuber

Fotografie Adam Reynolds

Text Adam Reynolds, Danielle Spera
Übersetzung und Lektorat Englisch Brigitte Scott
Übersetzung und Lektorat Hebräisch Julius Dem
Übersetzung und Lektorat Deutsch Felix Mayer

Art director Lois Lammerhuber
Grafisches Design Martin Ackerl, Lois Lammerhuber
Schrift LAMMERHUBER by Titus Nemeth
Digital post production Birgit Hofbauer, Adam Reynolds
Projektkoordination Johanna Reithmayer
Druck und Bindung Gorenjski tisk storitve, Kranj, Slowenien
Papier 170 g/m² Galaxy Bulk 1,05 Vol.

Managing director EDITION LAMMERHUBER Silvia Lammerhuber
EDITION LAMMERHUBER Dumbagasse 9, 2500 Baden, Österreich
edition.lammerhuber.at

Die Bilder des amerikanischen Künstlers Adam Reynolds hat uns der österreichische Ausnahmefotograf Lois Lammerhuber näher gebracht, dafür ist ihm herzlich zu danken. Dank gilt in erster Linie Adam Reynolds selbst, dafür, dass er uns mit seinen Fotografien die „Architektur einer existentiellen Bedrohung", wie er sie nennt, vor Augen führt. Meinen Kolleginnen und Kollegen Dominik Cobanoglu, Werner Hanak-Lettner, Carina Hartl, Claudia Lauppert, Markus Roboch und Astrid Peterle danke ich für ihre Unterstützung bei der Vorbereitung der Ausstellung „Bunker". *Danielle Spera*

I would like to thank Indiana University, CENTER Santa Fe, Doron Adar, Ofer Miller and Ami Shinar. *Adam Reynolds*

Edition Lammerhuber

Supported by cyberlab.at

Erstmals erschienen 2017 in der Edition Lammerhuber
ISBN 978-3-903101-29-6

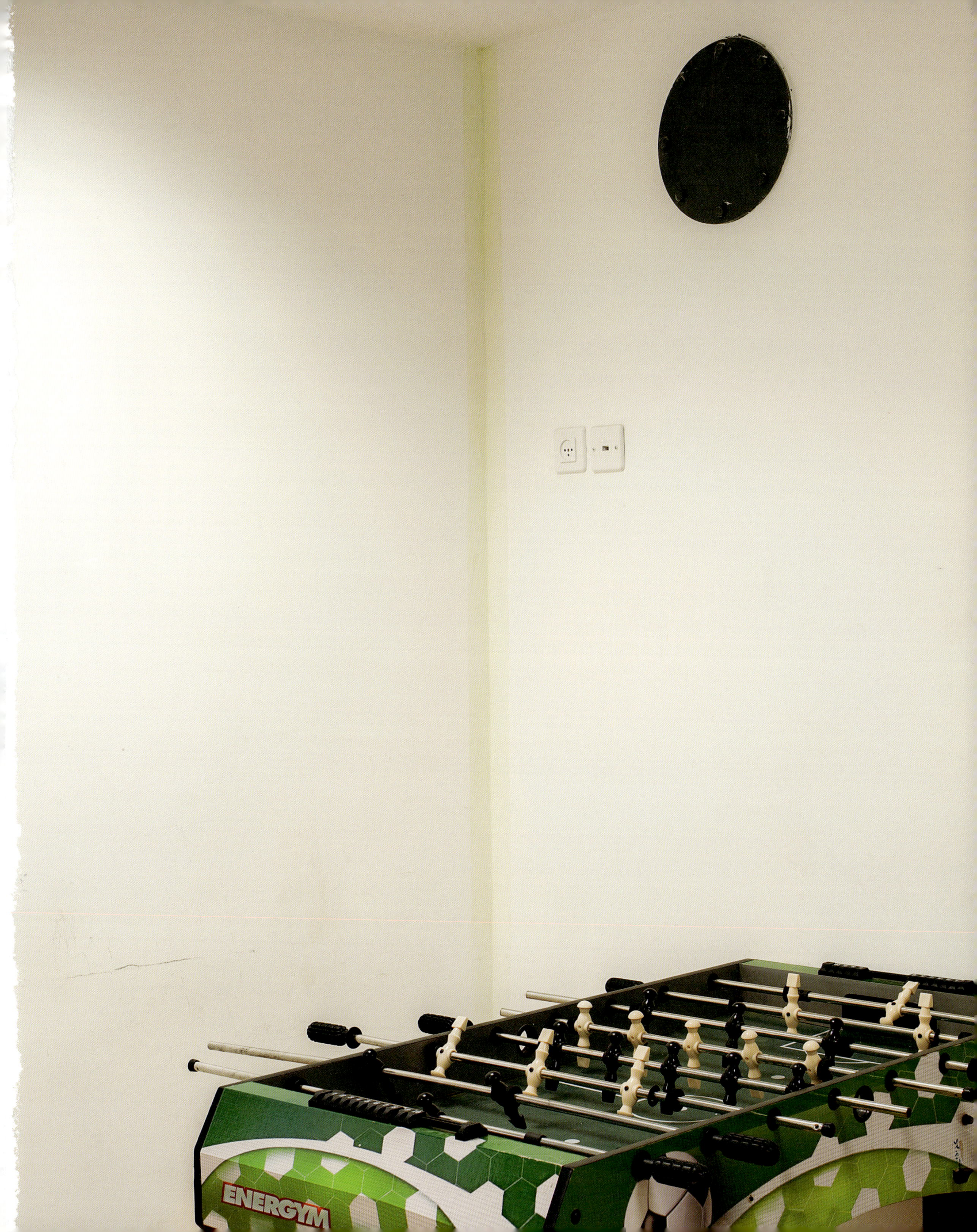
ENERGYM

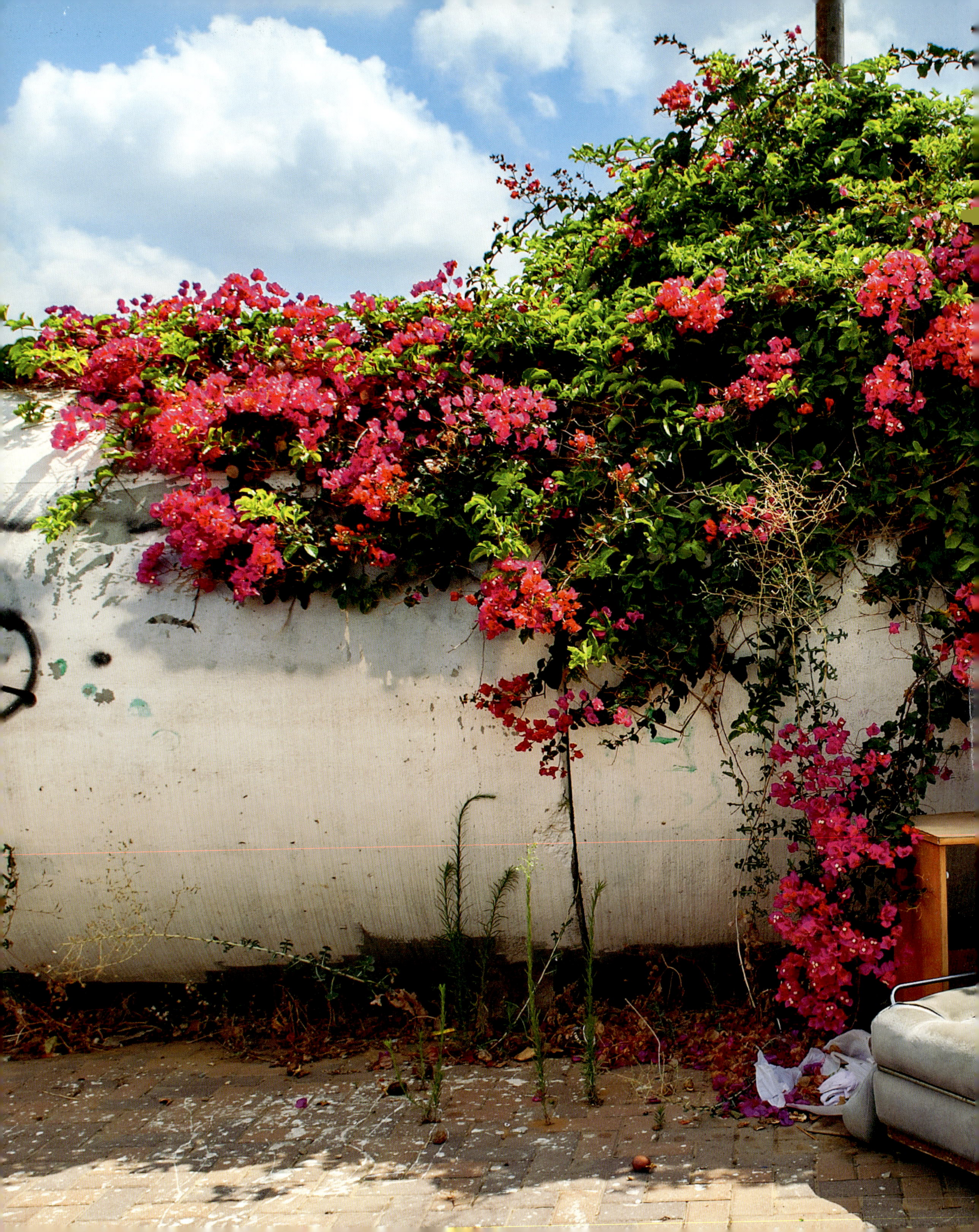